超越普里瓦洛夫

无穷乘积与它对解析函数的应用卷

● 刘培杰数学工作室　编

 哈尔滨工业大学出版社
HARBIN INSTITUTE OF TECHNOLOGY PRESS

内容简介

本书对于无穷乘积及其对解析函数的应用给予了更深层次的介绍,本书总结了一些计算无穷乘积的常用方法和惯用技巧.叙述严谨、清晰、易懂.

本书适合于高等院校数学与应用数学专业学生学习,也可供数学爱好者及教练员作为参考.

图书在版编目(CIP)数据

超越普里瓦洛夫.无穷乘积与它对解析函数的应用卷/刘培杰数学工作室编. —哈尔滨:哈尔滨工业大学出版社,2015.5(2021.1重印)
ISBN 978-7-5603-5283-1

Ⅰ.①超… Ⅱ.①刘… Ⅲ.①无穷乘积—解析函数
Ⅳ.①O1 ②O173.1

中国版本图书馆 CIP 数据核字(2015)第 067327 号

策划编辑	刘培杰 张永芹
责任编辑	张永芹 穆 青
封面设计	孙茵艾
出版发行	哈尔滨工业大学出版社
社　　址	哈尔滨市南岗区复华四道街 10 号　邮编 150006
传　　真	0451 - 86414749
网　　址	http://hitpress.hit.edu.cn
印　　刷	哈尔滨市工大节能印刷厂
开　　本	787mm×960mm　1/16　印张 10.25　字数 184 千字
版　　次	2015 年 5 月第 1 版　2021 年 1 月第 2 次印刷
书　　号	ISBN 978-7-5603-5283-1
定　　价	28.00 元

(如因印装质量问题影响阅读,我社负责调换)

复变函数论简介

复变函数论(theory of functions of a complex variable)是研究复变数的函数的性质及应用的一门学科,是分析学的一个重要分支.

形如 $x+\mathrm{i}y$(x,y 为实数,i 是虚数单位,满足 $\mathrm{i}^2=-1$) 的数称为复数.复数早在 16 世纪就已经出现,它起源于求代数方程的根.在相当长的一段时间内,复数不为人们所接受.直到 19 世纪,才阐明复数是从已知量确定出的数学实体.以复数为自变量的函数叫做复变函数.

对复变函数的研究是从 18 世纪开始的.18 世纪三四十年代,欧拉曾利用幂级数详细讨论过初等复变函数的性质,并得出了著名的欧拉公式

$$\mathrm{e}^{\mathrm{i}x}=\cos x+\mathrm{i}\sin x$$

1752 年,达朗贝尔在论述流体力学的论文中,考虑复函数 $f(z)=u+\mathrm{i}v$ 的导数存在的条件,导出了关系式

$$\frac{\partial u}{\partial x}=\frac{\partial v}{\partial y},\quad \frac{\partial u}{\partial y}=-\frac{\partial v}{\partial x} \qquad (1)$$

欧拉在 1777 年提交圣彼得堡科学院的一篇论文中,利用实函数计算复函数的积分,也得到了关系式(1).因此,式(1)有时被称为达朗贝尔—欧拉方程,但后来更多地被称为柯西—黎

曼方程.在这一时期,拉普拉斯也研究过复函数的积分.但是以上三人的工作都存在着本质上的局限性,因为他们把 $f(z)$ 的实部和虚部分开考虑,没有把它们看成一个基本实体.

复变函数论的全面发展是在 19 世纪.首先,柯西的工作为单复变函数论的发展奠定了基础.他从 1814 年开始致力于复变函数的研究,完成了一系列重要论著.他把一个复变函数 $f(z)$ 视作复变数 z 的一元函数来研究.他首先证明复数的代数运算与极限运算的合理性,引进了复函数连续性的概念,接着给出了复函数可导的充分必要条件(即柯西—黎曼方程).他定义了复函数的积分,得到复函数在无奇点的区域内积分值与积分路径无关的重要定理,从而导出著名的柯西积分公式

$$f(z) = \frac{1}{2\pi i} \int_\Gamma \frac{f(s)}{\zeta - z} \mathrm{d}s$$

柯西还给出了复函数在极点处的留数的定义,建立了计算留数的定理.他还研究了多值函数,为黎曼面的创立提供了理论依据.

紧接着,阿贝尔和雅可比创立了椭圆函数理论(1826 年),给复变函数论带来了新的生机.1851 年,黎曼的博士论文《单复变函数的一般理论基础》第一次给出单值解析函数的定义,指出实函数与复函数导数的基本差别.他把单值解析函数推广到多值解析函数,阐述了现称为黎曼面的概念,开辟了多值函数研究的方向.黎曼还建立了保形映射的基本定理,奠定了复变函数几何理论的基础.

维尔斯特拉斯与柯西、黎曼不同,他摆脱了复函数的几何直观,从研究幂级数出发,提出了复函数的解析开拓理论,引入完全解析函数的概念.他在椭圆函数论方面也有很重要的工作.

19 世纪后期,复变函数论得到迅速发展.在相当一段时间内,柯西、黎曼、维尔斯特拉斯这三位主要奠基人的工作被他们各自的追随者继续研究.后来,柯西和黎曼的思想被融合在一起,而维尔斯特拉斯的方法逐渐由柯西、黎曼的观点推导出来.人们发现,维尔斯特拉斯的研究途径不是本质的,因此不再强调从幂级数出发考虑问题,这是 20 世纪初的事.

20 世纪以来,复变函数论又有很大的发展,形成了一些专门的研究领域.在这方面做出较多工作的有瑞典数学家米塔·列夫勒,法国数学家庞加莱、皮卡、波莱尔,芬兰数学家奈望林纳,德国数学家毕波巴赫,以及前苏联数学家韦夸、拉夫连季耶夫等.

普里瓦洛夫简介

普里瓦洛夫(Привалов, Иван Иванович), 苏联人. 1891年2月11日生于别依津斯基. 1913年毕业于莫斯科大学后, 曾在萨拉托夫大学工作. 1918年获数学物理学博士学位, 并成为教授. 1922年回到莫斯科, 先后在莫斯科大学和航空学院任教. 1939年成为苏联科学院通讯院士. 1941年7月13日逝世.

普里瓦洛夫的研究工作主要涉及函数论与积分方程. 有许多研究成果是他与鲁金共同取得的, 他们用实变函数论的方法研究解析函数的边界特性与边界值问题. 1918年, 他在学位论文《关于柯西积分》中, 推广了鲁金—普里瓦洛夫唯一性定理, 证明了柯西型积分的基本引理和奇异积分定理. 他是苏联较早从事单值函数论研究的数学家之一, 所谓黎曼—普里瓦洛夫问题就是他的研究成果之一. 他还写了三角级数论及次调和函数论方面的著作. 他发表了70多部专著和教科书, 其中《复变函数引论》《解析几何》都是多次重版的著作, 并被译成多种外文出版.

目录

题目及解答 …………………………………………… 1

附录　各类考试试题解答选编 ……………………… 115

编辑手记 ……………………………………………… 139

题目及解答

❶ 试证明乘积:

(1) $\prod\limits_{n=1}^{\infty}\left(1+\dfrac{1}{n(n+2)}\right)$; (2) $\prod\limits_{n=2}^{\infty}\left(1-\dfrac{2}{n(n+1)}\right)$

的收敛性,并求其值.

解 (1) 令

$$p_n=\prod_{k=1}^{n}\left[1+\dfrac{1}{k(k+2)}\right]$$

因

$$u_n=\dfrac{1}{n(n+2)}=\dfrac{1}{n^2+2n}<\dfrac{1}{n^2}\quad(n\geqslant 1)$$

而 $\sum\limits_{n=1}^{\infty}\dfrac{1}{n^2}$ 收敛,故 $\sum\limits_{n=1}^{\infty}\dfrac{1}{n(n+2)}$ 亦收敛,从而 $\prod\limits_{n=1}^{\infty}\left(1+\dfrac{1}{n(n+2)}\right)$ 收敛.

今求其值,因

$$p_n=\prod_{k=1}^{n}\left(1+\dfrac{1}{k(k+2)}\right)=\prod_{k=1}^{n}\left(\dfrac{(k+1)^2}{k(k+2)}\right)=\dfrac{2(n+1)}{n+2}$$

所以

$$p=\lim_{n\to\infty}p_n=\lim_{n\to\infty}\dfrac{2(n+1)}{n+2}=2$$

(2) 令

$$p_n=\prod_{k=1}^{n}\left(1-\dfrac{2}{k(k+1)}\right)$$

$$u_n=\dfrac{2}{n(n+1)}<\dfrac{2}{n^2}\quad(n\geqslant 2)$$

故 $\sum\limits_{n=2}^{\infty}u_n$ 收敛. 从而 $\prod\limits_{n=2}^{\infty}p_n$ 收敛,而

$$p_n=\prod_{k=2}^{n}\left(1-\dfrac{2}{k(k+1)}\right)=\prod_{k=2}^{n}\dfrac{(k-1)(k+2)}{k(k+1)}=\dfrac{n+2}{3n}$$

所以

$$p=\lim_{n\to\infty}p_n=\lim_{n\to\infty}\dfrac{n+2}{3n}=\dfrac{1}{3}$$

❷ 试证

$$\frac{2}{\pi} = \sqrt{\frac{1}{2}} \cdot \sqrt{\frac{1}{2} + \frac{1}{2}\sqrt{\frac{1}{2}}} \cdot \sqrt{\frac{1}{2} + \frac{1}{2}\sqrt{\frac{1}{2} + \frac{1}{2}\sqrt{\frac{1}{2}}}} \cdot \cdots$$

证 因

$$\sin\theta = 2\sin\frac{\theta}{2}\cos\frac{\theta}{2} = 2^2\cos\frac{\theta}{2}\cos\frac{\theta}{2^2}\sin\frac{\theta}{2^2} = \cdots =$$

$$2^n\cos\frac{\theta}{2}\cos\frac{\theta}{2^2}\cdots\cos\frac{\theta}{2^n}\sin\frac{\theta}{2^n}$$

于是

$$\prod_{k=1}^{n}\cos\frac{\theta}{2^k} = \frac{\sin\theta}{2^n\sin\frac{\theta}{2^n}} \quad (\theta \neq 0)(\text{Vieta 乘积})$$

从而有

$$\prod_{k=1}^{\infty}\cos\frac{\theta}{2^k} = \frac{\sin\theta}{\theta}$$

令 $\theta = \frac{\pi}{2}$,则得

$$\prod_{k=1}^{\infty}\cos\frac{\pi}{2^{k+1}} = \frac{2}{\pi}$$

再利用 $\cos\frac{\pi}{4} = \sqrt{\frac{1}{2}}$ 与 $\cos\frac{x}{2} = \sqrt{\frac{1}{2} + \frac{1}{2}\cos x}$ 的关系即得.

❸ 求 $\displaystyle\prod_{n=1}^{\infty}\frac{e^{\frac{1}{n}}}{1+\frac{1}{n}}$ 的值.

解 因

$$p_n = \frac{e^{1+\frac{1}{2}+\cdots+\frac{1}{n}}}{n+1} = \frac{e^{\ln n + C + r_n}}{n+1} = \frac{n}{n+1}e^C e^{r_n}$$

(其中 C 为欧拉(Euler)常数,r_n 为无穷小量) 由此知乘积收敛,其值为 $p = e^C$.

❹ 证明当 $|z| < 1$ 时

$$\frac{1}{1-z} = (1+z)(1+z^2)(1+z^4)(1+z^8)(1+z^{16})\cdots$$

证 令
$$p_n = \prod_{k=0}^{n}(1+z^{2^k})$$
由于
$$(1-z)(1+z)(1+z^2)\cdots(1+z^{2^n}) =$$
$$(1-z^2)(1+z^2)\cdots(1+z^{2^n}) =$$
$$(1-z^4)(1+z^4)(1+z^8)\cdots(1+z^{2^n}) =$$
$$(1-z^{2^n})(1+z^{2^n}) = 1-z^{2^{n+1}}$$
所以
$$p_n = \frac{1-z^{2^{n+1}}}{1-z}$$
当 $|z|<1$ 时，$\lim\limits_{n\to\infty} z^{2^{n+1}} = 0$，而
$$p = \lim_{n\to\infty} p_n = \frac{1}{1-z}$$
所以当 $|z|<1$ 时，$\prod\limits_{n=0}^{\infty}(1+z^{2^n})$ 收敛，且 $p = \frac{1}{1-z}$.

❺ 证明当 $|z|<1$ 时
$$\frac{1}{(1-z)(1-z^2)(1-z^3)\cdots} = (1+z)(1+z^2)(1+z^3)\cdots$$

证 收敛性是不成问题的，因当 $|z|<1$ 时，$\sum z^n$ 收敛，由于
$$(1+z)(1+z^2)(1+z^3)\cdots(1+z^n) =$$
$$\frac{(1-z^2)(1-z^4)(1-z^6)\cdots(1-z^{2n})}{(1-z)(1-z^2)(1-z^3)\cdots(1-z^n)}$$
令 $n\to\infty$ 时，即知所证成立.

❻ 假定函数 $f_n(z)(n=1,2,\cdots)$ 在圆 $|z|<r$ 内是解析函数，且级数 $\sum\limits_{n=1}^{\infty}|f_n(z)|$ 在每个圆 $|z|\leqslant\rho<r$ 内部都一致收敛，证明当 $|z|<r$ 时，$F(z) = \prod\limits_{n=1}^{\infty}(1+f_n(z))$ 是一个全纯函数.

证 因 $\sum\limits_{n=1}^{\infty}f_n(z)$ 在 $|z|<r$ 收敛，故 $\prod\limits_{n=1}^{\infty}(1+f_n(z))$ 在 $|z|<r$ 内每点收敛，因而它表示某一函数 $F(z)$，欲证 $F(z)$ 在 $|z|<r$ 内全纯，只需证

$\prod_{n=1}^{\infty}(1+f_n(z))$ 在 $|z|\leqslant \rho(<r)$ 上一致收敛于 $F(z)$ 即可. 令
$$Q_m(z)=[1+f_{m+1}(z)][1+f_{m+2}(z)]\cdots$$

则
$$\prod_{n=m+1}^{\infty}[1-|f_n(z)|]\leqslant Q_m(z)\leqslant \prod_{n=m+1}^{\infty}[1+|f_n(z)|]$$

又设
$$R_m(z)=|f_{m+1}(z)|+|f_{m+2}(z)|+\cdots$$

因 $\sum_{n=1}^{\infty}f_n(z)$ 在 $|z|<r$ 内收敛,故当 m 充分大时必有
$$|f_k(z)|<1 \quad (k>m)$$

由此知
$$(1-|f_{m+1}(z)|)(1-|f_{m+2}(z)|)=$$
$$1-(|f_{m+1}(z)|+|f_{m+2}(z)|+|f_{m+1}(z)||f_{m+2}(z)|)>$$
$$1-(|f_{m+1}(z)|+|f_{m+2}(z)|)$$

$$(1-|f_{m+1}(z)|)(1-|f_{m+2}(z)|)(1-|f_{m+3}(z)|)>$$
$$[1-(|f_{m+1}(z)|+|f_{m+2}(z)|)(1-|f_{m+3}(z)|)]>$$
$$1-(|f_{m+1}(z)|+|f_{m+2}(z)|+|f_{m+3}(z)|)$$

等等,所以,有
$$1-R_m(z)<\prod_{n=m+1}^{\infty}(1-|f_n(z)|) \tag{1}$$

又因
$$1+|f_{m+1}(z)|<\frac{1}{1-|f_{m+1}(z)|}$$
$$1+|f_{m+2}(z)|<\frac{1}{1-|f_{m+2}(z)|}$$
$$\vdots$$

故
$$\prod_{n=m+1}^{\infty}(1+|f_n(z)|)<\frac{1}{\prod_{n=m+1}^{\infty}(1-|f_n(z)|)}<\frac{1}{1-R_m(z)} \tag{2}$$

从而由式(1),(2)得
$$|Q_m(z)-1|<\frac{R_m(z)}{1-R_m(z)}$$

由于 $\sum_{n=1}^{\infty} |f_n(z)|$ 在 $|z| \leqslant \rho < r$ 上一致收敛,故对 $\varepsilon > 0 (\varepsilon < 1)$,有

$$R_m(z) < \frac{\varepsilon}{4}$$

当 $m > N(\varepsilon)$,有

$$z \in |z| \leqslant \rho$$

从而

$$|Q_m(z) - 1| < \frac{\varepsilon}{4-\varepsilon} < \frac{\varepsilon}{3}$$

即 $Q_m(z)$ 一致收敛于 1,从而 $\left\{\prod_{n=1}^{m}(1+f_n(z))\right\}$ 一致收敛于 $F(z)$.

❼ 设 $q_1 = \prod_{n=1}^{\infty}(1+z^{2n}), q_2 = \prod_{n=1}^{\infty}(1+z^{2n-1}), q_3 = \prod_{n=1}^{\infty}(1-z^{2n-1})$.

证明 $q_1 q_2 q_3 = 1$.

证 因 $|z| < 1$ 时,所给无穷乘积均绝对收敛. 故令

$$q_0 = \prod_{n=1}^{\infty}(1-z^{2n})$$

则

$$q_0 q_3 = \prod_{n=1}^{\infty}(1-z^{2n}) \cdot \prod_{n=1}^{\infty}(1-z^{2n-1}) =$$

$$\prod_{n=1}^{\infty}(1-z^{2n-1})(1-z^{2n}) = \prod_{n=1}^{\infty}(1-z^n) \tag{1}$$

$$q_1 q_2 = \prod_{n=1}^{\infty}(1+z^{2n}) \cdot \prod_{n=1}^{\infty}(1+z^{2n-1}) =$$

$$\prod_{n=1}^{\infty}(1+z^{2n-1})(1+z^{2n}) = \prod_{n=1}^{\infty}(1+z^n) \tag{2}$$

又因

$$\prod_{n=1}^{\infty}(1+z^n) \cdot \prod_{n=1}^{\infty}(1-z^n) = \prod_{n=1}^{\infty}(1+z^n)(1-z^n) = \prod_{n=1}^{\infty}(1-z^{2n})$$

所以

$$\prod_{n=1}^{\infty}(1+z^n) = \frac{\prod_{n=1}^{\infty}(1-z^{2n})}{\prod_{n=1}^{\infty}(1-z^n)}$$

由式(1)得
$$\prod_{n=1}^{\infty}(1+z^n)=\frac{1}{\prod_{n=1}^{\infty}(1-z^{2n-1})}$$

由式(2)便得
$$q_1 q_2 q_3 = 1$$

❽ 讨论下列无穷乘积的收敛性:

(1) $\prod_{n=2}^{\infty}\left(1-\dfrac{2}{n^3+1}\right)$;

(2) $\prod_{n=1}^{\infty}\dfrac{\sin\dfrac{z}{n}}{\dfrac{z}{n}}$.

解 (1) 令
$$p_n = \prod_{k=2}^{n}\left(1-\frac{2}{k^3+1}\right) = \prod_{k=2}^{n}\frac{k^3-1}{k^3+1} = \frac{2}{3}\cdot\frac{k^2+k+1}{k(k+1)}$$

所以
$$p = \lim_{n\to\infty} p_n = \frac{2}{3}$$

(2) 因 $\dfrac{\sin\dfrac{z}{n}}{\dfrac{z}{n}}$ 可写为 $1-\dfrac{\lambda_n}{\lambda^2}$. 这里 $|\lambda_n|<k$. k 与 n 无关,由于 $\sum_{n=1}^{\infty}\dfrac{\lambda_n}{n^2}$ 绝对收敛 $\left(\text{可与}\sum_{n=1}^{\infty}\dfrac{1}{n^2}\text{比较}\right)$,故 $\prod_{n=1}^{\infty}\dfrac{\sin\dfrac{z}{n}}{\dfrac{z}{n}}$ 对任何 z 绝对收敛.

❾ 证明 $\prod_{n=1}^{\infty}\left[\left(1-\dfrac{z}{c+n}\right)\mathrm{e}^{\frac{z}{n}}\right]$ 对所有 z 绝对收敛,若 c 为不是负整数的常数.

证 因
$$\left(1-\frac{z}{c+n}\right)\mathrm{e}^{\frac{z}{n}}-1 = \left(1-\frac{z}{c+n}\right)\left[1+\frac{z}{n}+\frac{z^2}{2n^2}+O\left(\frac{1}{n^3}\right)\right]-1 =$$

$$\frac{zc-\dfrac{1}{2}z^2}{n^2}+O\left(\frac{1}{n^3}\right) = O\left(\frac{1}{n^3}\right)$$

但 $\sum_{n=1}^{\infty} \frac{1}{n^2}$ 收敛，因此 $\sum_{n=1}^{\infty} \left[\left(1 - \frac{z}{c+n}\right) e^{\frac{z}{n}} - 1 \right]$ 绝对收敛. 从而所给无穷乘积绝对收敛.

❿ 证明 $\prod_{n=2}^{\infty} \left[1 - \left(1 - \frac{1}{n}\right)^{-n} z^{-n} \right]$ 对位于单位圆外的所有点 z 绝对收敛.

证 由于 $\lim_{n \to \infty} \left(1 - \frac{1}{n}\right)^{-n} = e$，故

$$\sum_{n=1}^{\infty} \left(1 - \frac{1}{n}\right)^{-n} z^{-n} \tag{1}$$

的第 $n+1$ 项与第 n 项的比值的极限为 $\frac{1}{z}$.

从而式(1)在 $\left|\frac{1}{z}\right| < 1$，即 $|z| > 1$ 时绝对收敛，故无穷乘积于 $|z| > 1$ 时绝对收敛.

⓫ 证明

$$\lim_{n \to \infty} \frac{\sum_{j=0}^{n} \binom{2n-j}{n} (-4)^j}{\binom{2n}{n}} = \frac{1}{3}$$

证 设

$$f_n(x) = \binom{2n}{n}^{-1} \sum_{j=0}^{n} \binom{2n-j}{n} x^j$$

则由直接代换可以验证

$$2(x-1) f_n(x) = x - 2 + \frac{x^2 n}{(2n-1)} \cdot f_{n-1}(x)$$

且由归纳法，对 $x \neq 1$ 有

$$f_n(x) = \frac{x-2}{2x-2} \sum_{k=1}^{n} \prod_{i=k}^{n-1} \left(\frac{x^2}{4(x-1)} \frac{2i+2}{2i+1} \right) + \prod_{i=0}^{n-1} \left(\frac{x^2}{4(x-1)} \frac{2i+2}{2i+1} \right)$$

易知当 $\left|\frac{x^2}{4(x-1)}\right| < 1$，即当 $-2 - 2\sqrt{2} < x < -2 + 2\sqrt{2}$ 时，序列 $\{f_n(x)\}$ 收敛(与几何级数比较).

故 $f(x) = \lim\limits_{n\to\infty} f_n(x)$ 存在且

$$2(x-1)f(x) = x - 2 + x^2 \cdot \frac{1}{2}f(x)$$

此时 $f(x) = \dfrac{2}{2-x}$,且 $f(-4) = \dfrac{1}{3}$,即所欲证.

❿ 设 $F(x) = \cos x \cos\dfrac{x}{2}\cos\dfrac{x}{3}\cos\dfrac{x}{4}\cdots$,证明 $\lim\limits_{x\to+\infty} F(x) = 0$.

证 对 $x > 0$,正整数 k 使 $\dfrac{\pi}{3} \leqslant \dfrac{x}{k} \leqslant \dfrac{2\pi}{3}$ 成立的数目至少是 $\dfrac{3x}{2\pi} - 2$. 仅取这些因子,我们有

$$|F(x)| \leqslant 4\left(\frac{1}{2}\right)^{\frac{3x}{2\pi}}$$

这就得出希望的结果.

这一估计还可改进如下:由 Vieta 乘积

$$\frac{\sin x}{x} = \cos\frac{x}{2}\cos\frac{x}{4}\cos\frac{x}{8}\cdots$$

因此

$$F\left(\frac{x}{2}\right) = \frac{\sin x}{x} \cdot \frac{\sin\frac{x}{3}}{\frac{x}{3}} \cdot \frac{\sin\frac{x}{5}}{\frac{x}{5}} \cdots$$

固定 n 以致 $2n-1 \leqslant x \leqslant 2n+1$,则

$$\left|F\left(\frac{x}{2}\right)\right| \leqslant \frac{1\cdot 3\cdot 5\cdots(2n-1)}{x^n} = \frac{(2n)!}{(2x)^n n!} \sim \frac{1}{\sqrt{2}}\left(\frac{2n}{\mathrm{e}x}\right)^n$$

(利用斯特林(Stirling)公式:$n! \sim \sqrt{2\pi}\, x^{x+\frac{1}{2}}\mathrm{e}^{-x}$).

因此 $F\left(\dfrac{x}{2}\right) = O(\mathrm{e}^{-n}) = O(\mathrm{e}^{-\frac{x}{2}})$ 与 $F(x) = O(\mathrm{e}^{-x})$.

⓭ 设 f 为一个运算子,使 $f(z) = \dfrac{|z|+z}{2}$,且定义

$$f^2(z) = f\{f(z)\}, \cdots, f^n(z) = f\{f^{n-1}(z)\}$$

求 $\lim\limits_{n\to\infty} f^n(\mathrm{i})$,这里 $\mathrm{i} = \sqrt{-1}$.

解 这个问题可对任何 z 来解,令 $z = r\mathrm{e}^{i\theta}$. 由 $f(z)$ 在复平面上的构造不难看出

$$f(z) = r\cos\frac{\theta}{2}\exp\left(\mathrm{i}\frac{\theta}{2}\right)$$

且一般有

$$f^n(z) = r\left(\prod_{k=1}^{n}\cos\frac{\theta}{2^k}\right)\exp\left(\mathrm{i}\frac{\theta}{2^n}\right)$$

因

$$\prod_{k=1}^{\infty}\cos\frac{\theta}{2^k} = \frac{\sin\theta}{\theta}$$

故有

$$\lim_{n\to\infty} f^n(z) = \frac{r\sin\theta}{\theta}$$

特别

$$\lim_{n\to\infty} f_n(\mathrm{i}) = \frac{2}{\pi}$$

❹ 设 $0 < \alpha_1 \leqslant \alpha_2 \leqslant \cdots$,且

$$F(y) = \prod_{k=1}^{\infty}\left(1 + \frac{y^2}{\alpha_k^2}\right)$$

则 $\int_1^{\infty}\frac{\ln F(y)}{y^2}\mathrm{d}y$ 收敛的充分必要条件是 $\sum_{k=1}^{\infty}\frac{1}{\alpha_k}$ 收敛.

证 若 $0 < \alpha < 1$,我们有

$$\int_0^{\infty} x^{-\alpha-1}\ln(1+x)\mathrm{d}x = \frac{\pi}{\alpha\sin\pi\alpha}$$

(积分可用周道积分法计算或用分部积分法化为 β 函数来求). 因此

$$\int_0^{\infty} x^{-\alpha-1}\ln F(x^{\frac{1}{2}})\mathrm{d}x = \sum_{n=0}^{\infty}\int_0^{\infty} x^{-\alpha-1}\ln\left(1+\frac{x}{\alpha_k^2}\right)\mathrm{d}x =$$

$$\sum_{n=0}^{\infty}\frac{a_n^{-2\alpha}\pi}{\alpha\sin\pi\alpha}$$

形式计算表明,因为每个都是正的,因此一边收敛隐含另一边收敛. 令 $x^{\frac{1}{2}} = y$,我们看出

$$\int_0^{\infty} y^{-2\alpha-1}\ln F(y)\mathrm{d}y \text{ 与 } \sum_{n=0}^{\infty}\alpha_n^{-2\alpha}$$

一起收敛,发散,$0 < \alpha < 1$. 令 $\alpha = \frac{1}{2}$ 即得所证.

❺ 求 $\arctan 1 - \arctan\dfrac{1}{3} + \arctan\dfrac{1}{5} - \cdots$

解 De-Moivre 定理表明，若

$$\left(1 + \mathrm{i}\dfrac{b_1}{a_1}\right)\left(1 + \mathrm{i}\dfrac{b_2}{a_2}\right)\cdots \to A + \mathrm{i}B$$

则

$$\arctan\dfrac{b_1}{a_1} + \arctan\dfrac{b_2}{a_2} + \cdots \to \arctan\dfrac{B}{A}$$

因此，我们有

$$(1 + \mathrm{i}x)\left(1 - \mathrm{i}\dfrac{x}{3}\right)\left(1 + \mathrm{i}\dfrac{x}{5}\right)\cdots =$$

$$\dfrac{z}{\dfrac{\pi}{4}} \cdot \dfrac{1 - \dfrac{z}{\pi}}{1 - \dfrac{\pi}{4}} \cdot \dfrac{1 + \dfrac{z}{\pi}}{1 + \dfrac{\pi}{4}} \cdot \cdots =$$

$$\dfrac{(z)\left(1 - \dfrac{z^2}{\pi^2}\right)\left(1 - \dfrac{z^2}{2^2\pi^2}\right)\cdots}{\dfrac{\pi}{4}\left(1 - \dfrac{\left(\dfrac{\pi}{4}\right)^2}{\pi^2}\right)\left(1 - \dfrac{\left(\dfrac{\pi}{4}\right)^2}{2^2\pi^2}\right)\cdots} =$$

$$\dfrac{\sin z}{\sin\dfrac{\pi}{4}} = \dfrac{\sin\dfrac{(1+\mathrm{i}x)\pi}{4}}{\sin\dfrac{\pi}{4}} =$$

$$\cos h\left(\dfrac{\pi x}{4}\right) + \mathrm{i}\sin h\left(\dfrac{\pi x}{4}\right)$$

这里我们把 $\dfrac{(1+\mathrm{i}x)\pi}{4}$ 写为 z，所以

$$\arctan x - \arctan\dfrac{x}{3} + \arctan\dfrac{x}{5} - \cdots = \arctan\left(\tan h\left(\dfrac{\pi x}{4}\right)\right)$$

对所给级数的和，只需令 $x = 1$ 即得

$$\arctan\left(\tan\dfrac{h\pi}{4}\right) = \dfrac{1}{2}\arctan\left(\sin\dfrac{h\pi}{2}\right)$$

❻ 证明：对 $n \geqslant 2$，$\displaystyle\prod_{i=0}^{n}\begin{bmatrix}n\\i\end{bmatrix} \leqslant \left(\dfrac{2^n - 2}{n - 1}\right)^{n-1}$.

证 因

$$\prod_{i=0}^{n}\binom{n}{i} = \prod_{i=1}^{n}\binom{n}{i}$$

$$2^n - 2 = \sum_{i=1}^{n-1}\binom{n}{i}$$

要证的不等式仅仅是对 $n-1$ 个数 $\binom{n}{i}$, $i=1,2,\cdots,n-1$ 的算术—几何平均不等式.

❶⑦ 求 $\prod_{n=0}^{\infty}[1+(\frac{1}{2})^{2^n}]$.

解 不难由归纳法验证

$$\prod_{n=0}^{n}[1+(\frac{1}{2})^{2^n}] = 2[1-(\frac{1}{2})^{2^{n+1}}]$$

因此

$$\lim_{n\to\infty}\prod_{n=0}^{n}[1+(\frac{1}{2})^{2^n}] = 2$$

亦可利用, 对 $|z|<1$ 有

$$\prod_{n=0}^{\infty}[1+z^{2^n}] = \sum_{n=0}^{\infty}z^n = \frac{1}{1-z}$$

❶⑧ 设 $a_1 < a_2 < \cdots$ 是整数列, 并设 $0 < a < 1$, 则

$$\lim_{x\to 1}(1-x)^a \prod_{k=1}^{\infty}(1+x^{a_k}) = c \qquad (1)$$

对 $c \neq 0$ 与 $c \neq \infty$ 是不可能的.

证 假设式(1) 对 $c \neq 0$ 与 ∞ 是真的, 则应有

$$\limsup \frac{a_k}{a_1+\cdots+a_{k-1}} > 1 \qquad (2)$$

假设式(2) 已被证明, 令 $\prod_{k=1}^{\infty}(1+x^{a_k}) = \sum_{n=0}^{\infty}b_n x^n$, 则

$$\lim_{x\to 1}(1-x)^a \sum b_n x^n = c \quad (c \neq 0, \infty)$$

但是另一方面, 由哈代—李特尔伍德(Hardy-Littlewood)定理

$$\lim_{n\to\infty}\sum_{k=0}^{n}\frac{b_k}{n^a} = c' \quad (c' \neq 0, \infty) \qquad (3)$$

(事实上 $c' = \dfrac{c}{l(1+a)}$)但式(3)是不可能的,因由式(2)有一固定的 $\varepsilon > 0$ 与任意大的值 $m(=a_1 + \cdots + a_{k_i})$ 以致对每个 $m < n < m(1+\varepsilon)$,我们有 $b = 0$,这与式(3)矛盾.因此为完成证明我们仅需证明式(2).

假设式(2)不真,则简单论证表明 $\limsup a_k^{\frac{1}{k}} \leqslant 2$(因若不然,则对无穷多个 $k, a_k > (2+\varepsilon)^{k-l} a_{k-l}$,对所有 $l < k$,而这蕴含式(2))但 $\limsup a_k^{\frac{1}{k}} \leqslant 2$ 蕴含对每个 ε 成立.

$$\lim_{x \to 1}(1-x)^{1-\varepsilon}\prod_{k=1}^{\infty}(1+x^{a_k}) = \infty \tag{4}$$

而与式(1)抵触,因此证明了我们的陈述(式(4)是明显的,令 $x = 1 - \dfrac{1}{n}$,$1 + (1-\dfrac{1}{n})^{a_k} = 2 + o(1)$,$a_k = O(n)$ 且 $a_k < m$ 的数超过 $\dfrac{(1+o(1))\lg m}{\lg 2}$,$m \to \infty$).

⓴ 下述极限存在否?

$$\lim_{x \to 1^-}(1-x)^{\frac{1}{2}}\prod_{n=0}^{\infty}(1+x^{4^n})$$

解 设 f 表示所给的函数,对 $0 < x < 1$,有

$$f(x)f(x^2) = (1+x)^{\frac{1}{2}} \tag{1}$$

$$\dfrac{f(x)}{f(x^4)} = \left(\dfrac{1+x}{1+x^2}\right)^{\frac{1}{2}} \tag{2}$$

式(2)直接由 f 的定义得出,式(1)由如下恒等式得出

$$\dfrac{1}{1-x} = \sum_{n=0}^{\infty} x^n = \prod_{n=0}^{\infty}(1+x^{2^n}) \quad (|x|<1)$$

今由式(1),若 $\lim_{x \to 1^-} f(x) = L$ 存在,则 $L^2 = 2^{\frac{1}{2}}$ 与 $L = 2^{\frac{1}{4}}$.

另一方面,计算表明,若 $\lg d = -0.00001(d = 0.9999769744)$,则 $\lg d > 0.076 > \dfrac{\lg 2}{4}$,从此 $f(d) > 2^{\frac{1}{4}}$.今由式(2),$0 < x < 1$ 蕴含 $f(x^{\frac{1}{4}}) > f(x)$.因此对数列 $x_1 = d, x_2 = d^{\frac{1}{4}}, \cdots, x_{n+1} = x_n^{\frac{1}{4}}, \cdots$,我们有,$2^{\frac{1}{4}} < f(x_1) < f(x_2) < \cdots < f(x_n) < \cdots$,有全部 $x_n < 1$,因而 $2^{\frac{1}{4}}$ 不能是极限,所以所给极限不存在.

注 本题亦可由前题直接得出.无论如何,$f(x)$ 在 $0 \leqslant x < 1$ 上是有界的,由式(2),我们有 $f(x) > f(x^4) > \cdots > f(x^{4^n}) > \cdots$,同时 $x^{4^n} \to 0$ 与 $f(0)$.

因此 $f(x)>1$,再有由式(1)容易证明 $f(x)<\sqrt{1+x}$.

❷⓪ 证明

$$\sin\frac{\pi z}{2}=\frac{\pi z}{2}\prod_{k=1}^{\infty}\left(1-\frac{z^2}{(2k)^2}\right)$$

$$\cos\frac{\pi z}{2}=\prod_{k=0}^{\infty}\left(1-\frac{z^2}{(2k+1)^2}\right)$$

证 考虑积分

$$I_n(z)=\int_0^{\frac{\pi}{2}}\cos zt\cos^n t\,dt$$

为了简便,我们写 $c=\cos t, s=\sin t$,取 $n\geqslant 2$,由分部积分得

$$zI_n(z)=\sin zt\cdot c^n\Big|_0^{\frac{\pi}{2}}+n\int_0^{\frac{\pi}{2}}\sin zt c^{n-1}s\,dt$$

$$z^2 I_n(z)=-n\cos zt\cdot c^{n-1}s\Big|_0^{\frac{\pi}{2}}+n\int_0^{\frac{\pi}{2}}\cos zt[c^n-(n-1)c^{n-2}(1-c^2)]dt$$

因此我们有递归公式

$$n(n-1)I_{n-2}(z)=(n^2-z^2)I_n(z)$$

因对每个 $n\geqslant 0, I_n(0)>0$,有

$$\frac{I_{n-2}(z)}{I_{n-2}(0)}=\left(1-\frac{z^2}{n^2}\right)\frac{I_n(z)}{I_n(0)}\quad (n\geqslant 2) \tag{1}$$

由于 $I_0(0)=\frac{1}{2}\pi$ 与 $I_1(0)=1$,我们有

$$\sin\frac{\pi z}{2}=\frac{\pi z}{2}\cdot\frac{I_0(z)}{I_0(0)},\cos\frac{\pi z}{2}=(1-z^2)\frac{I_1(z)}{I_1(0)} \tag{2}$$

今证

$$\lim_{n\to\infty}\frac{I_n(z)}{I_n(0)}=1 \tag{3}$$

为此考虑

$$I_n(0)-I_n(z)=\int_0^{\frac{\pi}{2}}(1-\cos zt)\cos^n t\,dt$$

令 $t\in\left[0,\frac{1}{2}\pi\right]$ 且令 $z=x+iy$,容易看出

$$|1-\cos zt|=2\left(\sin^2\frac{1}{2}xt+\sinh^2\frac{1}{2}yt\right)\leqslant$$

$$\frac{1}{2}(x^2+y^2)t^2=\frac{1}{2}|z|^2t^2$$

这里 $\frac{1}{2}\pi\eta = \sinh\frac{1}{2}\pi y$，$\zeta = x + i\eta$，因此

$$|I_n(0) - I_n(z)| \leqslant \frac{1}{2}|\zeta|^2 \int_0^{\frac{\pi}{2}} t^2 \cos^2 t \, dt \tag{4}$$

有一个估计是显然的，当 z 为实数，$\zeta = z$.

因 $t < \tan t$，在 $\left(0, \frac{1}{2}\pi\right)$ 内，于是有

$$\int_0^{\frac{\pi}{2}} t^2 \cos^n t \, dt < \int_0^{\frac{\pi}{2}} t \cos^{n-1} t \sin t \, dt = \frac{1}{n} I_n(0)$$

因此由式(4)得

$$\left|1 - \frac{I_n(z)}{I_n(0)}\right| \leqslant \frac{|\zeta|^2}{2n} \tag{5}$$

这就证明了式(3).

由式(1),(2)与式(3),我们直接就可以得

$$\sin\frac{\pi z}{2} = \frac{\pi z}{2} \prod_{k=1}^{\infty}\left(1 - \frac{z^2}{(2k)^2}\right) \tag{6}$$

$$\cos\frac{\pi z}{2} = \prod_{k=0}^{\infty}\left(1 - \frac{z^2}{(2k+1)^2}\right)$$

㉑ 证明

$$\frac{\pi}{2}\cot\frac{\pi z}{2} = \frac{1}{z} + \sum_{k=1}^{\infty}\frac{2z}{z^2 - (2k)^2}$$

$$\frac{\pi}{2}\tan\frac{\pi z}{2} = \sum_{k=0}^{\infty}\frac{2z}{(2k+1)^2 - z^2}$$

证 考虑积分

$$J_n(z) = \int_0^{\frac{\pi}{2}} t \sin zt \cos^n t \, dt$$

取 $k \geqslant 2$ 且分部积分两次，我们得

$$n(n-1)J_{n-2}(z) = 2z I_n(z) + (n^2 - z^2)J_n(z)$$

用关于 I_n 的简化公式,相除得

$$\frac{J_{n-2}(z)}{I_{n-2}(z)} = \frac{2z}{n^2 - z^2} + \frac{J_n(z)}{I_n(z)} \quad (n \geqslant 2) \tag{1}$$

一个简单的直接计算可得

$$\frac{\pi}{2}\cot\frac{\pi z}{2} = \frac{1}{z} - \frac{J_0(z)}{I_0(z)}, \quad \frac{\pi}{2}\tan\frac{\pi z}{2} = \frac{2z}{1-z^2} + \frac{J_1(z)}{I_1(z)} \tag{2}$$

当然,式(1)(2)亦可由上题的式(1)与(2)用对数微分得出.

今因 $t \in \left[0, \frac{1}{2}\pi\right]$,且注意

$$|\sin zt|^2 = \sin^2 xt + \sinh^2 yt \in (x^2 + Y^2)t^2 = |Z|^2 t^2$$

这里 $\frac{1}{2}\pi Y = \sinh \frac{1}{2}\pi y, Z = x + iY$,因此

$$|J_n(z)| \leqslant |Z| \int_0^{\frac{\pi}{2}} t^2 \cos^n t \, dt \leqslant \frac{|Z|}{n} I_n(0)$$

以致

$$\lim_{n \to \infty} \frac{J_n(z)}{I_n(0)} = 0$$

于是联合上题式(3)得

$$\lim_{n \to \infty} \frac{J_n(z)}{I_n(z)} = 0 \tag{3}$$

由式(1),(2)与(3)即得所证.

注 第 21 题与 22 题译自《美国数学月刊》V.69.(1962 年)PP. 541-544"关于 $\sin z$ 的无穷乘积与联合形式的一个初等证法".

❷❷ 证明 $\prod_{k=1}^{n-1} \sin \frac{k\pi}{n} = \frac{n}{2^{n-1}}$.

证 我们首先注意 $e^{i\theta}$ 与 $e^{-i\theta}$ 是 $z^2 - 2z\cos\theta + 1$ 的零点,再有多项式 $\sum_{k=0}^{n-1} z^{2k} = \frac{z^{2n}-1}{z^2-1}$ 有 $2n-2$ 个零点,且它们是 $e^{\frac{ik\pi}{n}}(k=\pm 1, \pm 2, \cdots, \pm(n-1))$,因此我们有恒等式

$$\prod_{k=1}^{n-1} (z^2 - 2z\cos\frac{k\pi}{n} + 1) = \sum_{k=0}^{n-1} z^{2k} \tag{1}$$

在式(1)中令 $z = \mp 1$,即得

$$\prod_{k=1}^{n-1} (1 \pm \cos\frac{k\pi}{n}) = \frac{n}{2^{n-1}}$$

自乘得

$$\prod_{k=1}^{n-1} [1 - \cos^2 \frac{k\pi}{n}] = \left(\frac{n}{2^{n-1}}\right)^2$$

因此

$$\prod_{k=1}^{n-1} \sin \frac{k\pi}{n} = \frac{n}{2^{n-1}}$$

(因所有因子 $z\sin\frac{k\pi}{n}$ 是正的).

注 在式(1)中,令 $z=-\mathrm{i}$,我们得
$$\prod_{k=1}^{n-1} 2\mathrm{i}\cos\frac{k\pi}{n} = \frac{1}{2}[1-(-1)^n]$$

若 n 为偶数,$\cos\frac{1}{2}\pi = 0$,则
$$\prod_{k=1}^{n-1}\cos\frac{k\pi}{n} = 0$$

若 n 为奇数,直接得
$$\prod_{k=1}^{n-1}\cos\frac{k\pi}{n} = \frac{(-1)^{\frac{1}{2}(n-1)}}{2^{n-1}}$$

对 n 为奇数,我们还可以得到
$$\prod_{k=1}^{n-1}\tan\frac{k\pi}{n} = \frac{(-1)^{\frac{1}{2}(n-1)}}{n}$$

❷❸ 求无穷乘积 $\prod_{n=1}^{\infty}\left(1+\frac{1}{a_n}\right)$ 的值. 这里 $a_1=1, a_n=n(a_{n-1}+1)$.

解 $P_n = \left(\frac{a_1+1}{a_1}\right)\left(\frac{a_2+1}{a_2}\right)\cdots\left(\frac{a_n+1}{a_n}\right) =$
$\left(\frac{a_1+1}{a_2}\right)\left(\frac{a_2+1}{a_3}\right)\cdots\left(\frac{a_{n-1}+1}{a_n}\right)(a_n+1) =$
$\frac{a_n+1}{n!}$

令
$$P_n - P_{n-1} = \left(\frac{a_n+1}{n!}\right) - \left(\frac{a_{n-1}+1}{(n-1)!}\right) =$$
$$\left(\frac{a_n+1}{n!}\right) - \left(\frac{a_n}{n!}\right) = \frac{1}{n!}$$

因此
$$P_n = P_1 + \frac{1}{2!} + \frac{1}{3!} + \cdots + \frac{1}{n!} =$$
$$\frac{1+1}{1!} + \frac{1}{2!} + \cdots + \frac{1}{n!}$$

于是
$$\lim_{n\to\infty} P_n = \mathrm{e}$$

注 一般若 $a_n = n(a_{n-1} + z^{n-1})$，这里 z 为任意复数，则可证无穷乘积的值是 e^z.

㉔ 设 a 是整数且大于 1，设 $q_1, q_2, \cdots$ 是正整数列，满足 $q_{n+1} \geqslant 2q_n, n = 1, 2, \cdots$，证明 $\prod_{n=1}^{\infty}(1 + \frac{1}{a^{q_n}})$ 是无理数.

证 由
$$q_{n+1} - q_n - q_n \geqslant 1$$
可直接得出
$$q_{n+1} - (q_1 + q_2 + \cdots + q_n) \geqslant n+1$$
令
$$s = \prod_{n=1}^{\infty}(1 + \frac{1}{a^{q_n}})$$
我们有
$$s = 1 + \frac{1}{a^{q_1}} + \left(\frac{1}{a^{q_2}} + \frac{1}{a^{q_1+q_2}}\right) + \cdots +$$
$$\left(\frac{1}{a^{q_n}} + \cdots + \frac{1}{a^{q_1+\cdots+q_n}}\right) +$$
$$\left(\frac{1}{a^{q_{n+1}}} + \cdots + \frac{1}{a^{q_1+\cdots+q_{n+1}}}\right) + \cdots \tag{1}$$

级数(1)的每一项在 s 的以 a 为基的"小数"表示中，在确定位置产生一个数字 1，所有其他数字是零. 由此得出在第 $(q_1 + \cdots + q_n)$ 位置与第 q_{n+1} 位置之间有一个零区组，其长度大于等于 $n+1$，因此 s 的以 a 为基的表示式不能中止且包含任意长度的零区组，所以表示式不能是周期的且必为无理数.

㉕ 展开下列各函数成无穷乘积：
(1) $e^z - 1$；(2) $\cos z$；(3) $\sin z - \sin z_0$.

解 (1) 由
$$\sin z = \frac{e^{iz} - e^{-iz}}{2i} = \frac{e^{2iz} - 1}{2ie^{iz}}$$
令
$$2iz = t, z = \frac{t}{2i}$$
则

$$\sin\frac{t}{2i}=\frac{e^{t}-1}{2ie^{\frac{t}{2}}}$$

故
$$e^{t}-1=2ie^{\frac{t}{2}}\sin\frac{t}{2i}$$

但已知
$$\sin z=z\prod_{n=1}^{\infty}\left(1-\frac{z^{2}}{(n\pi)^{2}}\right)$$

所以
$$\sin\frac{t}{2i}=\frac{t}{2i}\prod_{n=1}^{\infty}\left[1-\frac{\frac{t^{2}}{(2i)^{2}}}{(n\pi)^{2}}\right]=\frac{t}{2i}\prod_{n=1}^{\infty}\left(1+\frac{t^{2}}{4n^{2}\pi^{2}}\right)$$

从而
$$e^{z}-1=e^{\frac{z}{2}}z\prod_{n=1}^{\infty}\left(1+\frac{z^{2}}{(2n\pi)^{2}}\right)$$

(2) 因
$$\cos z=\frac{\sin 2z}{2\sin z}$$

而
$$\sin 2z=2z\prod_{n=1}^{\infty}\left(1-\frac{4z^{2}}{n^{2}\pi^{2}}\right)$$

所以
$$\cos z=\frac{2z\prod_{n=1}^{\infty}\left(1-\frac{4z^{2}}{n^{2}\pi^{2}}\right)}{2z\prod_{n=1}^{\infty}\left(1-\frac{z^{2}}{n^{2}\pi^{2}}\right)}=\prod_{n=1}^{\infty}\frac{\left(1-\frac{4z^{2}}{n^{2}\pi^{2}}\right)}{\left(1-\frac{z^{2}}{n^{2}\pi^{2}}\right)}=$$

$$\frac{\left(1-\frac{4z^{2}}{\pi^{2}}\right)\left(1-\frac{z^{2}}{\pi^{2}}\right)\left(1-\frac{4z^{2}}{9\pi^{2}}\right)\left(1-\frac{z^{2}}{4\pi^{2}}\right)\cdots\left(1-\frac{4z^{2}}{(2n-1)^{2}\pi^{2}}\right)\left(1-\frac{4z^{2}}{(2n)^{2}\pi^{2}}\right)}{\left(1-\frac{z^{2}}{\pi^{2}}\right)\left(1-\frac{z^{2}}{4\pi^{2}}\right)\cdots\left(1-\frac{z^{2}}{n^{2}\pi^{2}}\right)\cdots}=$$

$$\left(1-\frac{4z^{2}}{\pi^{2}}\right)\left(1-\frac{4z^{2}}{9\pi^{2}}\right)\cdots\left(1-\frac{4z^{2}}{(2n-1)^{2}\pi^{2}}\right)\cdots=$$

$$\prod_{n=1}^{\infty}\left(1-\frac{4z^{2}}{\pi^{2}(2n-1)^{2}}\right)$$

别法 由
$$\cot z=\frac{1}{z}+\sum_{k=1}^{\infty}\left(\frac{1}{z-k\pi}+\frac{1}{z+k\pi}\right)$$

但

$$\tan z = \cot\left(\frac{\pi}{2} - z\right)$$

所以

$$\tan z = \frac{1}{\frac{\pi}{2} - z} + \sum_{n=1}^{\infty}\left[\frac{1}{\frac{\pi}{2} - z - n\pi} + \frac{1}{\frac{\pi}{2} - z + n\pi}\right] =$$

$$\frac{1}{\frac{\pi}{2} - z} + \sum_{n=1}^{\infty}\left[\frac{1}{\frac{2n+1}{2}\pi - z} - \frac{1}{\frac{2n-1}{2}\pi + z}\right] =$$

$$\sum_{n=1}^{\infty}\left[\frac{1}{\frac{2n-1}{2}\pi - z} - \frac{1}{\frac{2n-1}{2}\pi + z}\right] =$$

$$\sum_{n=1}^{\infty}\frac{2z}{\left(\frac{2n-1}{2}\right)^2\pi^2 - z^2}$$

由此有

$$\int_0^z \tan z\,dz = -\ln\cos z = -\sum_{n=1}^{\infty}\left[\ln\left(\frac{(2n-1)^2}{4}\pi^2 - z^2\right)\right]_0^z =$$

$$-\sum_{n=1}^{\infty}\ln\left(1 - \frac{z^2}{\frac{(2n-1)^2}{4}\pi^2}\right)$$

所以

$$\cos z = \prod_{n=1}^{\infty}\left(1 - \frac{4z^2}{(2n-1)^2\pi^2}\right)$$

(3) 因

$$\sin z - \sin z_0 = 2\cos\frac{z-z_0}{2}\sin\frac{z-z_0}{2}$$

故

$$\sin z - \sin z_0 = 2\prod_{n=1}^{\infty}\left[1 - \frac{4\left(\frac{z+z_0}{2}\right)^2}{\pi^2(2n-1)^2}\right] \cdot \left\{\prod_{n=1}^{\infty}\left[1 - \frac{\left(\frac{z-z_0}{2}\right)^2}{n^2\pi^2}\right]\right\}\frac{z-z_0}{2} =$$

$$(z-z_0)\prod_{n=1}^{\infty}\left[1 - \frac{(z+z_0)^2}{\pi^2(2n-1)^2}\right]\left[1 - \frac{(z-z_0)^2}{\pi^2(2n)^2}\right]$$

㉖ 证明 $\lim\limits_{n\to\infty}\dfrac{(n!)^2 2^{2n+1}}{(2n!)\sqrt{2\pi}} = 1$.

证 因

$$\frac{\sin z}{z} = \prod_{n=1}^{\infty}\left(1-\frac{z^2}{n^2\pi^2}\right)$$

令 $z=\dfrac{\pi}{2}$,则

$$\frac{2}{\pi} = \sum_{n=1}^{\infty}\left(1-\frac{1}{4n^2}\right) = \prod_{n=1}^{\infty}\frac{(2n-1)(2n+1)}{2n\cdot 2n}$$

即

$$\frac{\pi}{2} = \frac{2}{1}\times\frac{2}{3}\times\frac{4}{3}\times\frac{4}{5}\times\frac{6}{5}\times\frac{6}{7}\times\cdots$$

或

$$\lim_{n\to\infty}\frac{(n!)^2 2^{2n+1}}{(2n)!\sqrt{2\pi}} = 1$$

㉗ 试证明 $\dfrac{\sin iz}{e^{2z}-1}=e^{h(z)}$,其中 $h(z)$ 是一个整函数,问 $h(z)=?$

证 因

$$\sin z = z\prod_{n=1}^{\infty}\left(1-\frac{z^2}{n^2\pi^2}\right)$$

所以

$$\sin iz = iz\prod_{n=1}^{\infty}\left(1+\frac{z^2}{n^2\pi^2}\right) \tag{1}$$

又知

$$\cot z = \frac{1}{z} + \prod_{n=1}^{\infty}\frac{2z}{z^2-n^2\pi^2}$$

用 iz 代替 z,并约去 $\dfrac{1}{i}$ 得

$$\coth z = \frac{1}{z} + \sum_{i=1}^{\infty}\frac{2z}{z^2+n^2\pi^2}$$

于是有

$$\frac{1}{e^z-1} = -\frac{1}{2}+\frac{1}{2}\coth\frac{z}{2} = -\frac{1}{2}+\frac{1}{z}+\sum_{n=1}^{\infty}\frac{2z}{z^2+4\pi^2 n^2}$$

从而得

$$\frac{e^z}{e^z-1} = 1+\frac{1}{e^z-1} = \frac{1}{2}+\frac{1}{z}+\sum_{n=1}^{\infty}\frac{9z^2}{z^2+4n^2\pi^2}$$

此式两边求积分,并取指数得

$$e^z - 1 = z e^{\frac{z}{2}} \sum_{n=1}^{\infty} \left(1 + \frac{z^2}{4n^2\pi^2}\right)$$

于是有
$$e^{2z} - 1 = 2z e^z \prod_{n=1}^{\infty} \left(1 + \frac{z^2}{n^2\pi^2}\right) \tag{2}$$

所以由式(1),(2)得
$$\frac{\sin iz}{e^{2z}-1} = \frac{i}{2e^z} = \frac{e^{\ln i}}{e^{\ln 2} \cdot e^z} = e^{-\ln 2} \cdot e^{-z} \cdot e^{\ln 1 + \frac{\pi}{2}i} = e^{-z-\ln 2+\frac{\pi}{2}i} = e^{h(z)}$$

所以
$$h(z) = -z - \ln 2 + \frac{\pi}{2}i$$

为一个整线性函数.

❷⑧ 设 $p_n(z) = \dfrac{1 \cdot 2 \cdot 3 \cdots n}{(z+1)(z+2)\cdots(z+n)} n^z$ ($z \neq$ 负整数),并令 $a_1 = p_1(z), \cdots, a_n = \dfrac{p_n(z)}{p_{n-1}(z)}$ ($n = 2, 3, \cdots$). 试证 $\prod_{k=1}^{\infty} a_k$ 绝对收敛,从而其积确定一函数 $\Gamma(z+1)$.

证 显然有
$$p_n(z) = a_1 a_2 \cdots a_n$$

但
$$a_{n+1} = \frac{p_{n+1}(z)}{p_n(z)} = \frac{\dfrac{(n+1)!}{(z+1)(z+2)\cdots(z+n+1)}(n+1)^z}{\dfrac{n!}{(z+1)(z+2)\cdots(z+n)}n^z} =$$
$$\frac{n+1}{z+n+1} \cdot \frac{(n+1)^z}{n^z} = \left(1 + \frac{1}{n}\right)^z \left(1 + \frac{z}{n+1}\right)^{-1} =$$
$$\left[1 + \frac{z}{n} + \frac{z(z-1)}{2} \cdot \frac{1}{n^2} + \frac{h_n}{n^3}\right]\left[1 + \frac{z}{n} - \frac{z}{n^2} + \frac{z}{n^2(n+1)}\right]^{-1} =$$
$$1 + \frac{z(z-1)}{2n^2} + \frac{k_n}{n^3}$$

而 h_n, k_n 均为有界量,但 $\sum_{n=1}^{\infty}\left(\dfrac{z(z-1)}{2n^2} + \dfrac{k_n}{k^3}\right)$ 为绝对收敛,故 $\prod_{n=1}^{\infty} a_n$ 绝对收敛,记其积为 $\Gamma(z+1)$,则

$$\Gamma(z+1) = \lim_{n \to \infty} \frac{n!}{(z+1)(z+2)\cdots(z+n)} n^z = \prod_{n=1}^{\infty} a_n$$

㉙ 试由上题所定义的 Gamma 函数 $\Gamma(z)$，证明：

(1) $\Gamma(z+1) = z\Gamma(z)$；

(2) $\Gamma(n+1) = n!$，$\Gamma(z+n) = (z+n-1)(z+n-2)\cdots z\Gamma(z)$ (n 为正整数)；

(3) $\mathrm{Res}(\Gamma, -n) = \dfrac{(-1)^n}{n!}$；

(4) $\Gamma(z)\Gamma(1-z) = \dfrac{\pi}{\sin \pi z}$，$\Gamma\left(\dfrac{1}{2}\right) = \sqrt{\pi}$.

证 (1) 因

$$p_n(z) = \frac{n! \, n^z}{(z+1)(z+2)\cdots(z+n)} =$$

$$\frac{n!}{z(z+1)(z+2)\cdots(z+n-1)} n^{z-1} \frac{nz}{z+n} =$$

$$\frac{nz}{z+n} p_n(z-1)$$

所以

$$\lim_{n\to\infty} p_n(z) = \lim_{n\to\infty} \frac{z}{1+\dfrac{z}{n}} \cdot \lim p_n(z-1)$$

即

$$\Gamma(z+1) = z\Gamma(z)$$

(2) 在上式中把 z 用 $z-1$ 代得

$$\Gamma(z) = (z-1)\Gamma(z-1)$$

故

$$\Gamma(z+1) = z(z-1)\Gamma(z-1) = z(z-1)(z-2)\Gamma(z-2) = \cdots$$

因设 $z = 0$，则

$$\Gamma(1) = \lim_{n\to\infty} \frac{n!}{1\cdot 2\cdot 3\cdots n} n^0 = 1$$

由此知

$$\Gamma(n+1) = n!$$

又

$$\Gamma(z+n) = \Gamma[(z+n-1)+1] =$$
$$(z+n-1)\Gamma(z+n-1) =$$
$$(z+n-1)(z+n-2)\cdots z\Gamma(z)$$

(3) 因 $-n$ (n 正整数) 为 $\Gamma(z)$ 的一阶极点，故

$$\mathrm{Res}(\Gamma, -n) = \lim_{z \to -n}(z+n)\Gamma(z) =$$

$$\lim_{z \to -n} \frac{1}{z(z+1)\cdots(z+n-1)}\Gamma(z+n+1) =$$

$$\frac{1}{-n(-n+1)\cdots(-1)}\Gamma(1) =$$

$$\frac{(-1)^n}{n!}$$

（4）因

$$p_n(z) = \frac{\left(1+\frac{1}{1}\right)^z \left(1+\frac{1}{2}\right)^z \cdots \left(1+\frac{1}{n}\right)^z}{\left(1+\frac{z}{1}\right)\left(1+\frac{z}{2}\right)\cdots\left(1+\frac{z}{n}\right)} \cdot \frac{1}{\left(1+\frac{1}{n}\right)^z}$$

故

$$\Gamma(z+1) = \lim_{n \to \infty} \frac{1}{\left(1+\frac{1}{n}\right)^z} \cdot \prod_{n=1}^{\infty} \frac{\left(1+\frac{1}{n}\right)^z}{1+\frac{z}{n}} =$$

$$\prod_{n=1}^{\infty} \frac{\left(1+\frac{1}{n}\right)^z}{1+\frac{z}{n}} = \prod_{n=1}^{\infty} \left[\frac{\left(1+\frac{1}{n}\right)^z}{e^{\frac{z}{n}}} \cdot \frac{e^{\frac{z}{n}}}{1+\frac{z}{n}}\right]$$

但由于

$$e^{-\frac{z}{n}} = 1 - \frac{z}{n} + \frac{1}{2}\frac{z^2}{n^2} + \frac{h_n(z)}{n^3}$$

故

$$\left(1+\frac{z}{n}\right)e^{-\frac{z}{n}} = 1 - \frac{z^2}{2n^2} + \frac{t_n(z)}{n^3}$$

而当 $n \to \infty$ 时，$h_n(z)$ 与 $t_n(z)$ 为有限.

因 $\sum \left[\frac{z^2}{2n^2} - \frac{t_n(z)}{n^3}\right]$ 绝对收敛，故 $\prod_{n=1}^{\infty}\left[1 - \frac{1}{n^2}\left(\frac{z^2}{2} - \frac{t_n(z)}{n}\right)\right]$，即 $\prod_{n=1}^{\infty}\left(1+\frac{z}{n}\right)e^{-\frac{z}{n}}$ 为绝对收敛，又

$$\prod_{n=1}^{\infty}\left[\left(1+\frac{1}{n}\right)e^{-\frac{1}{n}}\right]^z = \prod_{n=1}^{\infty}\left[1 - \frac{1}{n^2}\left(\frac{1}{2} - \frac{t_n}{n}\right)\right]^z =$$

$$\prod_{n=1}^{\infty}\left[1 - \frac{z}{n^2}\left(\frac{1}{2} - \frac{t_n}{n}\right) + \frac{t'_n(z)}{n^3}\right]$$

故 $\prod_{n=1}^{\infty}\left[\left(1+\frac{1}{n}\right)^z e^{-\frac{z}{n}}\right]$ 亦为绝对收敛.

因此上式可以变为
$$\frac{1}{\Gamma(z+1)} = \prod_{n=1}^{\infty}\left[\left(1+\frac{z}{n}\right)e^{-\frac{z}{n}}\right]\prod_{n=1}^{\infty}\left[\left(1+\frac{1}{n}\right)^{-z}e^{\frac{z}{n}}\right]$$

而
$$\prod_{n=1}^{\infty}\frac{e^{\frac{z}{n}}}{\left(1+\frac{1}{n}\right)^z} = \lim_{n\to\infty}\left[\frac{e^{1+\frac{1}{2}+\cdots+\frac{1}{n}}}{\frac{2}{1}\cdot\frac{3}{2}\cdot\frac{4}{3}\cdots\frac{n+1}{n}}\right]^z =$$

$$\lim_{n\to\infty}\left[\frac{e^{\ln n + C + r_n}}{n+1}\right]^z =$$

$$\lim_{n\to\infty}\left[\frac{n}{n+1}e^{C+r_n}\right]^z = e^{Cz}$$

其中 C 为欧拉(Euler)常数,当 $n\to\infty$ 时 r_n 为 0.

故得
$$\frac{1}{\Gamma(z+1)} = e^{Cz}\prod_{n=1}^{\infty}\left[\left(1+\frac{z}{n}\right)e^{-\frac{z}{n}}\right]$$

于此式中以 $-z$ 代 z 得
$$\frac{1}{\Gamma(1-z)} = e^{-Cz}\prod_{n=1}^{\infty}\left[\left(1-\frac{z}{n}\right)e^{\frac{z}{n}}\right]$$

这两个无穷乘积同为绝对收敛,故
$$\frac{1}{\Gamma(z+1)}\cdot\frac{1}{\Gamma(1-z)} = e^{Cz}\cdot e^{-Cz}\prod_{n=1}^{\infty}\left[\left(1+\frac{z}{n}\right)e^{-\frac{z}{n}}\left(1-\frac{z}{n}\right)e^{\frac{z}{n}}\right] = \prod_{n=1}^{\infty}\left(1-\frac{z^2}{n^2}\right)$$

从而
$$\frac{1}{\Gamma(z)\Gamma(1-z)} = z\prod_{n=1}^{\infty}\left(1-\frac{z^2}{n^2}\right) = \frac{\sin \pi z}{\pi}$$

因
$$\sin \pi z = \pi z\prod_{n=1}^{\infty}\left(1-\frac{z^2}{n^2}\right)$$

又在上式中,令 $z=\frac{1}{2}$,便得 $\Gamma^2\left(\frac{1}{2}\right)=\pi$,故 $\Gamma\left(\frac{1}{2}\right)=\sqrt{\pi}$.

❸⓪ 试证:$\Gamma(z) = \int_0^{\infty} e^{-t}t^{z-1}dt$,$\mathrm{Re}\,z > 0$($\Gamma$ 函数在右半平面的积分表示式. 其中 t 为实变量,$z = x + \mathrm{i}y$,而且 t^{z-1} 理解为 $e^{(z-1)\ln t}$).

证 设
$$f(z) = \int_0^{\infty} e^{-t}t^{z-1}dt \tag{1}$$

因对 $\mathrm{Re}\,z > 0$,$|e^{-t}t^{z-1}| = e^{-t+(x-1)} = e^{-t}t^{x-1}$,故对任意的 x. 因子 e^{-t} 保证

式(1) 在右端的收敛性,而当 $x > 0$ 时,因子 t^{x-1} 保证它在左端的收敛性(用 $\int_1^\infty e^{-t} t^a dt$ 与 $\int_0^1 t^p dt, p > -1$ 比较).

故式(1) 在右半平面 $\operatorname{Re} z > 0$ 上所有的 z 都收敛,令

$$f_n(z) = \int_0^n \left(1 - \frac{t}{n}\right)^n t^{z-1} dt \qquad (1)$$

引入新变量 $\tau = \dfrac{t}{n}$ 并应用分部积分公式

$$f_n(z) = n^z \int_0^1 (1-\tau)^n \tau^{z-1} d\tau = n^z \int_0^1 (1-\tau)^n d\frac{\tau^z}{z} =$$

$$\frac{n^z}{z} \tau^z (1-\tau)^n \Big|_0^1 + \frac{n^z}{z} n \int_0^1 (1-\tau)^{n-1} \tau^z d\tau =$$

$$\frac{n^z}{z} n \int_0^1 (1-\tau)^{n-1} \tau^z d\tau$$

继续作分部积分,逐步降低 $(1-\tau)$ 的次数,直至次数为 0 为止,我们得

$$f_n(z) = \frac{n^z n!}{z(z-1)\cdots(z+n-1)} \int_0^1 \tau^{z+n-1} d\tau =$$

$$\frac{n^z n!}{z(z+1)\cdots(z+n-1)(z+n)} =$$

$$\frac{e^{z\ln n}}{z\left(1 + \dfrac{z}{1}\right)\left(1 + \dfrac{z}{2}\right) \cdots \left(1 + \dfrac{z}{n}\right)}$$

分子,分母同乘以 $e^{-z\sum\limits_{k=1}^n \frac{1}{k}}$,有

$$f_n(z) = \frac{e^{-z\left(1 + \frac{1}{2} + \cdots + \frac{1}{n} - \ln n\right)}}{z\left(1 + \dfrac{z}{1}\right)e^{-\frac{z}{1}}\left(1 + \dfrac{z}{2}\right)e^{-\frac{z}{2}} \cdots \left(1 + \dfrac{z}{n}\right)e^{-\frac{z}{n}}} =$$

$$\frac{1}{z e^{z\left(1 + \frac{1}{2} + \cdots + \frac{1}{n} - \ln n\right)} \prod\limits_{k=1}^n \left(1 + \dfrac{z}{k}\right) e^{-\frac{z}{k}}} \qquad (2)$$

在式(1) 中令 $n \to \infty$,并注意① $\left(1 - \dfrac{t}{n}\right)^n \to e^{-t}$.

---

① 因 $0 \leqslant y \leqslant 1$ 并由幂级数有 $1 + y \leqslant e^y \leqslant (1-y)^{-1}$,令 $y = \dfrac{t}{n}$,得 $0 \leqslant e^{-t} - \left(1 - \dfrac{t}{n}\right)^n$. 且证明了:$e^{-t} - \left(1 - \dfrac{t}{n}\right)^n \leqslant e^{-t}\left[1 - \left(1 - \dfrac{t^2}{n^2}\right)^n\right]$,再对 $0 \leqslant k \leqslant 1$ 用不等式,$(1-k)^n \geqslant 1 - nk$,就得出 $1 - \left(1 - \dfrac{t^2}{n^2}\right)^n \leqslant \dfrac{t^2}{n}$,$0 \leqslant t \leqslant n$. 于是对 $0 \leqslant t \leqslant n$ 有 $0 \leqslant e^{-t} - \left(1 - \dfrac{t}{n}\right)^n \leqslant \dfrac{t^2 e^{-t}}{n}$.

便得①
$$f(z) = \lim_{n \to \infty} f_n(z) = \frac{1}{ze^{Cz}\prod_{k=1}^{\infty}\left(1+\frac{z}{k}\right)e^{-\frac{z}{k}}} =$$
$$\frac{\Gamma(1+z)}{z} = \Gamma(z)$$

㉛ 试证,若 $B(p,q) = \int_0^1 t^{p-1}(1-t)^{q-1}dt$,其中 $\text{Re } p > 0, \text{Re } q > 0$,则有 $B(p \cdot q) = \frac{\Gamma(p)\Gamma(q)}{\Gamma(p+q)}$.

证 在 $B(p \cdot q) = \int_0^1 t^{p-1}(1-t)^{q-1}dt$ 中,令 $t = \frac{\tau}{1+\tau}$,则得
$$B(p \cdot q) = \int_0^\infty \frac{\tau^{p-1}}{(1+\tau)^{p+q}}d\tau \tag{1}$$

又在积分 $\Gamma(p+q) = \int_0^\infty t^{p+q-1}e^{-t}dt$ 中引入满足 $t = (1+\tau)\sigma$ 的新变量 σ,则得
$$\frac{1}{(1+\tau)^{p+q}} = \frac{1}{\Gamma(p+q)}\int_0^\infty \sigma^{p+q-1}e^{-(1+\tau)\sigma}d\sigma$$

将这代入式(1),并改变积分次序而得
$$B(p \cdot q) = \frac{1}{\Gamma(p+q)}\int_0^\infty \tau^{p-1}d\tau \int_0^\infty \sigma^{p+q-1}e^{-(1+\tau)\sigma}d\sigma =$$
$$\frac{1}{\Gamma(p+q)}\int_0^\infty \sigma^{q-1}e^{-\sigma}d\sigma \int_0^\infty (\varpi)^{p-1}e^{-(\varpi)}d(\varpi) =$$

---

① 这里亦可用另一稍加严格的证法处理如下:

因已得 $f_n(z) = \frac{n! \; n^z}{z(z+1)\cdots(z+n)}$,且前一题目上已证过 $\Gamma(z) = \lim_{n \to \infty} f_n(z)$,故可写 $f(z) - \Gamma(z) = \lim_{n \to \infty}\left\{\int_0^n \left[e^{-t} - \left(1-\frac{t}{n}\right)^n\right]t^{z-1}dt + \int_n^\infty e^{-t}t^{z-1}dt\right\}$.

今证上式右边的极限为 0,首先当 $n \to \infty$ 时,$\int_n^\infty e^{-t}t^{z-1}dt \to 0$,事实上若 $t > 1$,则 $|e^{-t}t^{z-1}| \leqslant e^{-t}t^m$ (m 为一整数 $m \geqslant \text{Re } z > 0$),但由分部积分可知 $\int_0^\infty e^{-t}t^m dt < \infty$,所以当 $n \to \infty$ 时,$\int_n^\infty e^{-t}t^m dt \to 0$.

下面再证:当 $n \to \infty$ 时,$\int_0^n \left[e^{-t} - \left(1-\frac{t}{n}\right)^n\right]t^{z-1}dt \to 0$. 由不等式 $0 \leqslant e^{-t} - \left(1-\frac{t}{n}\right)^n \leqslant \frac{t^2 e^{-t}}{n}, 0 \leqslant t \leqslant n$,可知
$$\left|\int_0^n \left[e^{-t} - \left(1-\frac{t}{n}\right)^n\right]t^{z-1}dt\right| \leqslant \int_0^n \frac{e^{-t}t^{z+1}}{n}dt \leqslant \frac{1}{n}\int_0^\infty e^{-t}t^{z+1}dt$$
因积分收敛,故当 $n \to \infty$ 时,趋于 0,得证 $f(z) = \Gamma(z)$.

$$\frac{\Gamma(p)\Gamma(q)}{\Gamma(p+q)}$$

㉜ 试求函数(1)$\cos \pi z - \cos \pi z_0$,(2)$\operatorname{sh} z$ 的无穷乘积展开式.

解 利用 $\sin z = z \prod\limits_{n=1}^{\infty}\left(1-\dfrac{z^2}{n^2\pi^2}\right)$.

(1) $\cos \pi z - \cos \pi z_0 = -2\sin \pi \dfrac{z+z_0}{2}\sin \pi \dfrac{z-z_0}{2} =$

$-\dfrac{1}{2}\pi^2(z^2-z_0^2)\prod\limits_{k=1}^{\infty}\left(1-\dfrac{(z+z_0)^2}{4k^2}\right)\left(1-\dfrac{(z-z_0)^2}{4k^2}\right).$

(2) $\operatorname{sh} z = \dfrac{\sin iz}{i} = z \prod\limits_{n=1}^{\infty}\left(1+\dfrac{z^2}{n^2\pi^2}\right).$

㉝ 证明

$$\Gamma(z)\Gamma\!\left(z+\frac{1}{n}\right)\cdots\Gamma\!\left(z+\frac{n-1}{n}\right)=(2\pi)^{\frac{n-1}{2}}n^{\frac{1}{2}-nz}\Gamma(nz)$$

证 因

$$\Gamma(z)=\lim_{n\to\infty}\frac{n!\,n^z}{z(z+1)\cdots(z+n)}$$

故

$$\Gamma(z)=\lim_{m\to\infty}\frac{m!\,m^z}{z(z+1)\cdots(z+m)}=$$

$$\lim_{m\to\infty}\frac{(m-1)!\,m^z}{z(z+1)\cdots(z+m-1)}=$$

$$\lim_{m\to\infty}\frac{(mn-1)!\,(mn)^z}{z(z+1)\cdots(z+mn-1)}$$

我们定义 $f(z)$ 如下

$$f(z)=\frac{n^{nz}\Gamma(z)\Gamma(z+1)\cdots\Gamma\!\left(z+\dfrac{n-1}{n}\right)}{n\Gamma(nz)}=$$

$$\frac{n^{nz-1}\prod\limits_{k=0}^{n-1}\lim\limits_{m\to\infty}\dfrac{(m-1)!\,m}{\left(z+\dfrac{k}{n}\right)\left(z+\dfrac{k}{n}-1\right)\cdots\left(z+\dfrac{k}{n}+m-1\right)}}{\lim\limits_{m\to\infty}\dfrac{(mn-1)!\,(mn)^{nz}}{nz(nz+1)\cdots(nz+nm-1)}}=$$

$$\lim_{m\to\infty}\frac{[(m-1)!]^n m^{\frac{n-1}{2}}n^{mn-1}(nz)(nz+1)\cdots(nz+mn-1)}{(mn-1)!\prod\limits_{k=0}^{n-1}[(nz+k)(nz+k+n)\cdots(nz+k+mn-n)]}=$$

$$\lim_{m\to\infty}\frac{[(m-1)!]^n m^{\frac{n-1}{2}} n^{nm-1}}{(nm-1)!}$$

因此 f 为一常数,令 $z = \frac{1}{n}$ 得

$$f(z) = \Gamma\left(\frac{1}{n}\right)\Gamma\left(\frac{2}{n}\right)\cdots\Gamma\left(\frac{n-1}{n}\right) > 0$$

因此

$$(f(z))^2 = \frac{\pi^{n-1}}{\sin\left(\frac{\pi}{n}\right)\sin\left(\frac{2\pi}{n}\right)\cdots\sin\left(\frac{n-1}{n}\pi\right)} \quad \left(\text{因 } \Gamma(z)\Gamma(1-z) = \frac{\pi}{\sin \pi z}\right)$$

再利用关系

$$\sin\left(\frac{\pi}{n}\right)\sin\left(\frac{2\pi}{n}\right)\cdots\sin\left(\frac{n-1}{n}\pi\right) = \frac{n}{2^{n-1}} \quad (n = 2,3,\cdots)$$

我们有

$$(f(z))^2 = \frac{(2\pi)^{n-1}}{n}$$

由于 $f(z) > 0$,故 $f(z) = \frac{(2\pi)^{\frac{n-1}{2}}}{\sqrt{n}}$,得证.

㉞ 证明:(1) $2^{2z-1}\Gamma(z)\Gamma\left(z+\frac{1}{2}\right) = \sqrt{\pi}\,\Gamma(2z)$.

(2) $\dfrac{\Gamma'(z)}{\Gamma(z)} = -C - \dfrac{1}{z} + \lim_{k\to\infty}\sum_{k=1}^{n}\left(\dfrac{1}{k} - \dfrac{1}{z+k}\right)$.

证 (1) 在前题中令 $n = 2$ 即得.

(2) 因已知

$$\frac{1}{\Gamma(z)} = z\mathrm{e}^{Cz}\prod_{n=1}^{\infty}\left(1+\frac{z}{n}\right)\mathrm{e}^{-\frac{z}{n}}$$

取对数,我们得

$$-\ln\Gamma(z) = Cz + \ln z + \sum_{n=1}^{\infty}\left[\ln\left(1+\frac{z}{n}\right) - \frac{z}{n}\right]$$

求导得

$$-\frac{\Gamma'(z)}{\Gamma(z)} = C + \frac{1}{z} + \sum_{n=1}^{\infty}\left\{\frac{\frac{1}{n}}{1+\frac{z}{n}} - \frac{1}{n}\right\} =$$

$$C + \frac{1}{z} + \sum_{n=1}^{\infty}\left(\frac{1}{n+z} - \frac{1}{n}\right)$$

㉟ 设 r 为以 $z_0 = 0$ 为心,$\frac{1}{2}$ 为半径的圆,则 $\int_r \Gamma(z) dz = 2\pi i$.

证 因 $\Gamma(z)$ 除有简单极点 $0, -1, -2, \cdots$ 外为解析,故

$$\int_r \Gamma(z) dz = 2\pi i \cdot \text{Res}(\Gamma, 0) = 2\pi i \lim_{z \to 0} z\Gamma(z) =$$
$$2\pi i \lim_{z \to 0} \Gamma(z+1) = 2\pi i \Gamma(1) = 2\pi i$$

㊱ 若 n 为正偶数,$\Gamma\left(\frac{n+1}{2}\right) = \frac{1 \cdot 3 \cdot 5 \cdot \cdots \cdot (n-1)}{2^{\frac{n}{2}}} \sqrt{\pi}$. z 为负奇整数之半,$\Gamma(z) = \frac{(-1)^m 2^m \sqrt{\pi}}{1 \cdot 3 \cdot 5 \cdot \cdots \cdot (2m-1)}$.

证 因

$$\Gamma\left(\frac{9}{2}\right) = \frac{7}{2} \Gamma\left(\frac{7}{2}\right) = \frac{7}{2} \cdot \frac{5}{2} \Gamma\left(\frac{5}{2}\right) = \frac{1 \cdot 3 \cdot 5 \cdot 7}{2^4} \sqrt{\pi}$$

所以若 n 为正偶数

$$\Gamma\left(\frac{n+1}{2}\right) - \left(\frac{n-1}{2}\right) \Gamma\left(\frac{n-1}{2}\right) =$$
$$\left(\frac{n-1}{2}\right)\left(\frac{n-3}{2}\right) \Gamma\left(\frac{n-3}{2}\right) =$$
$$\frac{1 \cdot 3 \cdot 5 \cdot \cdots \cdot (n-1)}{2^{\frac{n}{2}}} \sqrt{\pi}$$

若 z 为负奇整数之半,令 $z + m = \frac{1}{2}$, $m = \frac{1}{2} - z$, m 为正整数,于是

$$\Gamma(z+m) = (z+m-1)(z+m-2)\cdots(z+1)z\Gamma(z)$$

所以

$$\Gamma(z) = \frac{\Gamma(z+m)}{(z+m-1)(z+m-2)\cdots z} =$$
$$\frac{\sqrt{\pi}}{\left(-\frac{1}{2}\right)\left(-\frac{3}{2}\right) \cdots \left(\frac{1}{2} - m\right)} =$$
$$\frac{(-1)^m 2^m \sqrt{\pi}}{1 \cdot 3 \cdot 5 \cdot \cdots \cdot (2m-1)}$$

例如,$\Gamma\left(-\frac{1}{2}\right) = -2\sqrt{\pi}$,$\Gamma\left(-\frac{3}{2}\right) = \frac{4\sqrt{\pi}}{1 \cdot 3}$,$\Gamma\left(-\frac{5}{2}\right) = -\frac{8\sqrt{\pi}}{1 \cdot 3 \cdot 5}$,

$$\Gamma\left(-\frac{7}{2}\right) = \frac{16\sqrt{\pi}}{1 \cdot 3 \cdot 5 \cdot 7}.$$

㊲ 对 Beta 函数 $B(p,q) = \int_0^1 x^{p-1}(1-x)^{q-1}dx$，证明：

(1) $B(p,q) = B(q,p)$；

(2) $B(p,q+1) = \dfrac{q}{p}B(p+1,q) = \dfrac{q}{p+q}B(p,q)$；

(3) $\Gamma(z) = \lim\limits_{n\to\infty} n^z B(z,n)$.

证 (1) 在 $B(p,q)$ 中把 $1-x$ 代之以 x，得

$$B(p \cdot q) = -\int_1^0 (1-x)^{p-1} x^{q-1} dx =$$

$$\int_0^1 x^{q-1}(1-x)^{p-1} dx = B(q,p)$$

(2) 由分部积分法

$$B(p,q+1) = \int_0^1 x^{p-1}(1-x)^q dx =$$

$$\left[\frac{x^p(1-x)^q}{p}\right]_0^1 + \frac{q}{p}\int_0^1 x^p(1-x)^{q-1} dx =$$

$$\frac{q}{p}\int_0^1 x^p(1-x)^{q-1} dx = \frac{q}{p} B(p+1,q)$$

其次

$$\int_0^1 x^p(1-x)^{q-1} dx + \int_0^1 x^{p-1}(1-x)^q dx =$$

$$\int_0^1 x^{p-1}(1-x)^{q-1}\{x+(1-x)\}dx =$$

$$\int_0^1 x^{p-1}(1-x)^{q-1} dx$$

所以

$$B(p,q) = B(p+1,q) + B(p,q+1) =$$

$$\frac{p}{q}B(p,q+1) + B(p,q+1) =$$

$$\frac{p+q}{q}B(p,q+1)$$

故

$$B(p,q+1) = \frac{q}{p+q}B(p,q)$$

(3) 由式(2) 得
$$B(z,n) = \frac{n-1}{z+n}B(z,n-1) =$$
$$\frac{(n-1)(n-2)}{(z+n)(z+n-1)}B(z,n-2) = \cdots =$$
$$\frac{1 \cdot 2 \cdots (n-1)}{z(z+1)\cdots(z+n-1)}$$

所以
$$\lim_{n \to \infty} n^z B(z,n) = \lim_{n \to \infty} \frac{1 \cdot 2 \cdots (n-1)}{z(z+1)\cdots(z+n-1)} n^z = \Gamma(z)$$

38 证明
$$\zeta(n) = \frac{(-1)^n}{(n-1)!}\Gamma_n(k) + S_n(k)$$

这里 n 与 k 是正整数且不等于 1，$\zeta(n)$ 是 Riemann zeta 函数，$\Gamma_n(x)$ 是由 Poly-gamma 函数定义，$\Gamma_n(x) = \dfrac{d^n \ln \Gamma(x)}{dx^n}$，且 $S_n(k) = \sum\limits_{i=1}^{k-1} i^{-n}$.

证 由 $\dfrac{1}{\Gamma(x)}$ 的典型乘积
$$\frac{1}{\Gamma(x)} = xe^{rx}\prod_{m=1}^{\infty}\left[\left(1+\frac{x}{m}\right)e^{-\frac{x}{m}}\right]$$

对 $x > 0$，由此得出
$$\log \Gamma(x) = -\log x - r - \sum_{m=1}^{\infty}\left[\log\left(1+\frac{x}{m}\right) - \frac{x}{m}\right]$$
$$\frac{d}{dx}\log \Gamma(x) = -\frac{1}{x} - \sum_{m=1}^{\infty}\left(\frac{1}{m+x} - \frac{1}{m}\right)$$

与对 $n > 1$，有
$$\Gamma_n(x) = \frac{d^n}{dx^n}\log \Gamma(x) = (-1)^n(n-1)!\sum_{m=0}^{\infty}\frac{1}{(m+x)^n}$$

逐项微分显然是合理的，因 $\dfrac{1}{\Gamma(z)}$ 是一个整函数，且每个微分级数在正 x 轴上的任何有限区间上一致收敛，因此
$$\frac{(-1)^n}{(n-1)!}\Gamma_n(k) - \sum_{m=0}^{\infty}\frac{1}{(m+k)^n} = \sum_{i=k}^{\infty}\frac{1}{i^n}$$

与

$$S_n(k) + \frac{(-1)^n}{(n-1)!}\Gamma_n(k) = \sum_{i=1}^{k-1}\frac{1}{i^n} + \sum_{i=k}^{\infty}\frac{1}{i^n} = \sum_{i=1}^{\infty}\frac{1}{i^n} = \zeta(n)$$

㊴ 给定两个正整数 p 与 q，定义

$$S_{p,q} = \frac{1}{2} + \frac{1}{4} + \cdots + \frac{1}{2p} - \frac{1}{3} - \frac{1}{5} - \cdots - \frac{1}{2q+1} +$$

$$\frac{1}{2p+2} + \cdots + \frac{1}{4p} - \frac{1}{2q+3} - \cdots - \frac{1}{4q+1} + \cdots$$

$$P_{p,q} = \left(1+\frac{1}{2}\right)\left(1+\frac{1}{4}\right)\cdots\left(1+\frac{1}{2p}\right)\left(1-\frac{1}{3}\right)\left(1-\frac{1}{5}\right)\cdots$$

$$\left(1-\frac{1}{2q+1}\right)\left(1+\frac{1}{2p+2}\right)\cdots$$

我们得到的级数是 p 个正项的区组与 q 个负项的区组的交替，它由重排熟知的级数

$$\frac{1}{2} - \frac{1}{3} + \frac{1}{4} - \frac{1}{5} + \cdots = S_{1,1} = 1 - \ln 2$$

而得，与重排对应的乘积

$$\left(1+\frac{1}{2}\right)\left(1-\frac{1}{3}\right)\left(1+\frac{1}{4}\right)\left(1-\frac{1}{5}\right)\cdots = P_{1,1}$$

试直接证明 $P_{p,q} = \left(\frac{p}{q}\right)^{\frac{1}{2}}$，且因此导出已知结果

$$S_{p,q} - S_{1,1} = \ln\left(\frac{p}{q}\right)^{\frac{1}{2}}$$

证 （i）定义

$$F_n = \left(1+\frac{1}{2}\right)\left(1+\frac{1}{4}\right)\left(1+\frac{1}{6}\right)\cdots\left(1+\frac{1}{2n}\right)$$

则由沃利斯(Wallis) 公式与斯特林公式

$$F_n = \frac{3}{2}\cdot\frac{5}{4}\cdot\frac{7}{6}\cdots\frac{2n+1}{2n} = \frac{(2n+1)!}{(n!\,2^n)^2} =$$

$$\frac{2n+1}{2^{2n}}\binom{2n}{n} \sim \frac{2n^{\frac{1}{2}}}{\pi^{\frac{1}{2}}}$$

$$\left(1-\frac{1}{3}\right)\left(1-\frac{1}{5}\right)\left(1-\frac{1}{7}\right)\cdots\left(1-\frac{1}{2n+1}\right) =$$

$$\frac{2}{3}\cdot\frac{4}{5}\cdot\frac{6}{7}\cdots\frac{2n}{2n+1} = \frac{1}{F_n}$$

且具有添标 $(p+q)n$ 的部分乘积 $P_{p,q}$ 是
$$\frac{F_{pm}}{F_{qn}} \sim \left(\frac{pn}{qn}\right)^{\frac{1}{2}}$$
最后这个极限也能由更初等的方法求出,而不用沃利斯公式与斯特林公式.

(ii) 级数
$$\ln P_{1,1} - S_{1,1} = \left[\ln\left(1+\frac{1}{2}\right) - \frac{1}{2}\right] + \left[\ln\left(1-\frac{1}{3}\right) + \frac{1}{3}\right] +$$
$$\left[\ln\left(1+\frac{1}{4}\right) - \frac{1}{4}\right] + \cdots$$

是绝对收敛的,因
$$|\ln(1-x)+x| = \left|-\frac{x^2}{2} - \frac{x^3}{3} - \cdots\right| <$$
$$\frac{|x|^2}{2(1-|x|)} \leqslant |x|^2$$

对 $|x| \leqslant \frac{1}{2}$,绝对收敛级数的值是不因项的重排而变更的,因此
$$\ln P_{p,q} - S_{p,q} = \ln P_{1,1} - S_{1,1}$$

注 函数 $F_n, \frac{1}{F_n}$ 与定积分
$$I_m = \int_0^{\frac{\pi}{2}} \sin^n x \, dx, I_0 = \frac{\pi}{2}, I_1 = 1$$

有关联,这里 m 为大于 1 的整数. 分部积分给出
$$I_m = \frac{m-1}{m} \frac{m-3}{m-2} \cdots \frac{m-(2k-1)}{m-2(k-1)} I_{m-2k}$$

由关系 $I_{2m-1} < I_{2m} < I_{2m-1}$,我们求得
$$\lim_{m \to \infty} \frac{I_{2m}}{I_{2m-1}} = 1$$

现在有
$$I_{2np} = F_{np} \frac{I_0}{2np+1}$$
$$I_{2np-1} = \frac{1}{F_{np}} \frac{2np+1}{2np}$$
$$\frac{I_{2np}}{I_{2np-1}} = \frac{(F_{np})^2 I_0 \, 2np}{(2np+1)^2}$$
$$\frac{\dfrac{I_{2np}}{I_{2np-1}}}{\dfrac{I_{2nq}}{I_{2nq-1}}} = \left(\frac{F_{np}}{F_{nq}}\right)^2 \frac{p}{q} \left(\frac{2nq+1}{2np+1}\right)^2$$

$$P_{p,q} = \lim_{n\to\infty} \frac{F_{np}}{F_{nq}} = \sqrt{\frac{p}{q}} \tag{1}$$

为了导出沃利斯公式，我们考虑

$$\frac{I_{2m}}{I_{2m-1}} = \frac{I_0}{(I_{2m-1})^2 2m} = I_0 \frac{1\cdot 3}{2\cdot 2} \frac{3\cdot 5}{4\cdot 4} \cdots \frac{(2m-3)(2m-1)}{2(m-1)\cdot 2(m-1)} \frac{2m-1}{2m}$$

因此

$$\frac{\pi}{2} = \prod_{m=1}^{\infty} \frac{2m\cdot 2m}{(2m-1)(2m+1)}$$

如下是式(1)的一个不包含 I_m 的初等证明，只需考虑 $p>q$，则由归纳法，我们有

$$\frac{F_{np}}{F_{nq}} = \prod_{j=1}^{n(p-q)} \left[1 + \frac{1}{2(j+nq)}\right]$$

$$\ln\frac{F_{np}}{F_{nq}} - \sum_{j=1}^{n(p-q)} \frac{1}{2(j+nq)} = \sum_{j=1}^{n(p-q)} \left\{\ln\left[1+\frac{1}{2(j+nq)}\right] - \frac{1}{2(j+nq)}\right\}$$

被加数 $\{\cdots\}$ 的绝对值小于 $\dfrac{1}{8(1+nq)^2}$，因此后一个和的绝对值小于 $\dfrac{n(p-q)}{8(1+nq)^2}$，于是

$$\lim_{n\to\infty} \ln\frac{F_{np}}{F_{nq}} = \frac{1}{2}\lim_{n\to\infty}\sum_{j=1}^{n(p-q)}\frac{1}{j+nq}$$

为了求这个极限，划分 x 轴，从原点到点 $\dfrac{p-q}{q}$ 成 $n(p-q)$ 个相等的子区间，长度为 $\dfrac{1}{qn}$，且在第 j 个小区间的端点的纵坐标设为 $\dfrac{1}{j+nq}$，我们有

$$\lim_{n\to\infty}\sum_{j=1}^{n(p-q)}\frac{1}{j+nq} = \int_0^{\frac{p-q}{q}}\frac{\mathrm{d}x}{1+x} = \ln\left(\frac{p}{q}\right)$$

因此

$$P_{p,q} = \lim_{n\to\infty}\frac{F_{np}}{F_{nq}} = \sqrt{\frac{p}{q}}$$

对 $S_{p,q}$ 的公式的一个直接证明如下：再设 $p>q$，令

$$T_{np} = \sum_{j=1}^{np}\frac{1}{2j}, \quad T_{nq} = \sum_{j=1}^{nq}\frac{1}{2j+1}$$

则

$$T_{np} - T_{nq} = \sum_{j=1}^{nq}\left(\frac{1}{2j} - \frac{1}{2j+1}\right) + \frac{1}{2}\sum_{j=1}^{m(p-q)}\frac{1}{j+nq}$$

$$\lim_{n\to\infty}(T_{np} - T_{nq}) = S_{1,1} + \ln\sqrt{\frac{p}{q}}$$

$$S_{p,q} = S_{1,1} + \ln\sqrt{\frac{p}{q}} \qquad (2)$$

对数项的导出,如前 $T_{np} - T_{nq}$ 的项可以重排,以致我们首先有 $S_{1,1}$ 的 p 个正项,其次紧挨着 q 个负项,再其次 p 个正项,等等用尽所有的 $n(p+q)$ 项.

❹⓪ 定义在区域 D 上的单叶解析函数 $w = f(z)$ 作成第一类保角变换(简称保角变换).

证 已知:当 $w = f(z)$ 单叶解析时,有 $f'(z) \neq 0$. 故知 $w = f(z)$ 为保角变换. 证毕.

❹① 不为常数的解析函数将区域变换成区域,即若 $w = f(z)$ 于区域 D 解析且不为常数,则 $G = f(D)$ 仍为一区域.

证 区域乃连通开集,故为证明 G 是区域,第一要证明 G 是开集,第二要证明 G 连通.

先证 G 为开集,即证明它的任一点是内点,任取 $w_0 \in G$,则必有一点 $z_0 \in D$ 使 $f(z_0) = w_0$. 我们的目标是找到 $\delta > 0$,使得 w_0 的 δ-邻域 G_δ:$|w^* - w_0| < \delta$ 含于 G 中,即对于 G_δ 中的任一点 w^*,函数 $f(z) - w^*$ 有零点且此零点属于 D. 又已知函数 $f(z) - w_0$ 在 D 中有零点 z_0. 现在我们试图利用这一已知事实,将 $f(z) - w^*$ 用 $f(z) - w_0$ 表示

$$f(z) - w^* = f(z) - w_0 + [w_0 - w^*]$$

因为 $f(z)$ 非常数,故 $f(z) - w_0$ 亦非常数,因而由解析函数零点的孤立性,必存在 z_0 的邻域 D_ρ:$|z - z_0| < \rho$,使得 $f(z) - w_0$ 在闭域 $\overline{D_\rho}$ 上仅有零点 z_0,且 $\overline{D_\rho} \subset D$. 因此当我们希望 $f(z) - w^* = f(z) - w_0 + [w_0 - w^*]$ 在 D_ρ 内也有零点时,自然想到当有零点的函数 $f(z) - w_0$ 再加上 $[w_0 - w^*]$ 时,它在 D_ρ 内的零点个数不发生变化,这就随之要联想到儒歇定理,今记

$$\delta = \min_{|z-z_0|=\rho} |f(z) - w_0|$$

由于函数 $f(z) - w_0$ 在圆周 $|z - z_0| = \rho$ 上连续且恒不为零,所以 $\delta > 0$. 联系到儒歇定理的条件,我们自然取 w_0 的邻域 $|w^* - w_0| < \delta$,此时在圆周 $|z - z_0| = \rho$ 上,因有

$$|w^* - w_0| < \delta \leq |f(z) - w_0|$$

故 $f(z) - w_0$ 与 $f(z) - w_0 + [w_0 - w^*] = f(z) - w^*$ 在 $|z - z_0| < \rho$ 有同样多的(也就是一个)零点 z^*. 至此我们证明了,对于 G_δ 中的任一点 w^*,都存在点 $z^* \in D_\delta \subset D$,使

$$f(z^*) - w^* = 0 \text{ 或 } f(z^*) = w^* \quad (z^* \in D)$$

即 $w^* \in G$,故 w_0 是 G 的内点.

现证 G 是连通的,在 G 中任取两点 w_1, w_2.则有 $z_1, z_2 \in D$ 使 $w_1 = f(z_1)$,$w_2 = f(z_2)$.因 D 是区域,故可在 D 内取联结点 z_1 与 z_2 的连续曲线 c,有

$$z = z(t), t_1 \leqslant t \leqslant t_2, z_1 = z(t_1), z_2 = z(t_2)$$

在变换 $w = f(z)$ 下的曲线 $\Gamma: w = f(z(t)), t_1 \leqslant t \leqslant t_2$,显然 Γ 也是连续曲线,它作为 C 的象而含于 G 内,故 G 连通.

综上所述,G 乃一区域,证毕.

❷ 若 $w = f(z)$ 是区域 D 内的单叶解析函数,则:

(1) $w = f(z)$ 将区域 D 保形变换为区域 $G = f(D)$;

(2) $w = f(z)$ 的反函数 $z = f^{-1}(w)$ 于 G 内单叶解析,且

$$f^{-1'}(w_0) = \frac{1}{f'(z_0)} \quad (z_0 \in D, w_0 = f(z) \in G)$$

证 (1)由第 41 题知 D 上的单叶解析函数 $w = f(z)$ 是保形变换,由第 42 题知 G 是区域.

(2)易知 $w = f(z)$ 是 D 到 G 的一对一的变换,故其反函数 $z = f^{-1}(w)$ 于 G 单叶,即当 $w \neq w_0$ 时,必有 $z \neq z_0$,故有以下等式

$$\frac{f^{-1}(w) - f^{-1}(w_0)}{w - w_0} = \frac{z - z_0}{w - w_0} = \frac{1}{\dfrac{w - w_0}{z - z_0}}$$

因

$$f(z) = u(x, y) + iv(x, y)$$

于 D 解析,故属于 R,条件成立,因而对变换

$$\begin{cases} u = u(x, y) \\ v = v(x, y) \end{cases}$$

来说,雅可比

$$\begin{vmatrix} u_x & u_y \\ v_x & v_y \end{vmatrix} = \begin{vmatrix} u_x & -v_x \\ v_x & u_x \end{vmatrix} = u_x^2 + v_x^2 = |f'(z)|^2$$

又由 $w = f(z)$ 的单叶性可知 $f'(z) \neq 0$,故上述雅可比非零.于是由隐函数存在定理,存在两函数

$$\begin{cases} x = x(u, v) \\ y = y(u, v) \end{cases}$$

它们在点 $w_0 = u_0 + iv_0$ 及此点之某邻域 $N_\delta(w_0)$ 内连续,即在 $N_\delta(w_0)$ 中,当

$w \to w_0$ 时, $z = f^{-1}(w) \to z_0 = f^{-1}(w_0)$, 于是

$$\lim_{w \to w_0} \frac{f^{-1}(w) - f^{-1}(w_0)}{w - w_0} = \frac{1}{\lim_{z \to z_0} \dfrac{w - w_0}{z - z_0}} = \frac{1}{\lim_{z \to z_0} \dfrac{f(z) - f(z_0)}{z - z_0}} = \frac{1}{f'(z_0)}$$

这表明 $z = f^{-1}(w)$ 于 G 的任一点可微,因而于 G 解析且 $f^{-1\prime}(w) = \dfrac{1}{f'(z)}$. 证毕.

注1 第43题中已证明,若 $w = f(z)$ 是区域 D 上的单叶解析函数,则 $w = f(z)$ 把 D 保形变换为区域 $G = f(D)$. 现在我们自然会问,若 $w = f(z)$ 把区域 D 保形变换为区域 $G = f(D)$, $w = f(z)$ 是否为区域 D 上的单叶解析函数呢? 这一问题由缅索夫(D. Menschoff)于1936年给出了肯定的回答. 这样, 以后我们就可以把保形变换与单叶解析变换看作是一回事.

注2 我们提到保角变换时是指第一类保角变换,而且我们这里一直只限于讨论第一类保角变换. 至于第二类保角变换则是具有以下性质的变换:

(1) 伸缩率的不变性;

(2) 旋转角大小不变但方向变了,具体地说就是,过点 z_0 的两原象曲线夹角若为 θ,则变换后的两象曲线在点 $w_0 = f(z_0)$ 的夹角是 $-\theta$.

例如, $w = z$ 是第一类保角变换(实际上是恒同变换),而 $w = \bar{z}$ 则是第二类保角变换,这由上述定义即知.

普遍的结论是:导致非零的解析函数的共轭函数必构成第二类保角变换. 实际上容易理解,若 $w = f(z)$ 构成第一类保角变换,则 $w = \overline{f(z)}$ 构成第二类保角变换.

由此即见,一个解析函数(导数非零),虽然其共轭函数并非解析函数,但其构成的变换与第一类保角变换只有微妙的差别.

㊸ 求 $w = e^z (0 < \text{Im } z < 2\pi)$ 的反函数 $z = \ln w$ 的导数.

解 函数 $w = e^z$ 在区域 $D: 0 < \text{Im } z < 2\pi$ 内是单叶解析的,其值域 G 为 $0 < \arg w < 2\pi$. 由第43题知, $w = e^z$ 的反函数 $z = \ln w$ 在 G 内也单叶解析,且

$$(\ln w)'_w = \frac{1}{(e^z)'} = \frac{1}{e^z} = \frac{1}{w}$$

即
$$\frac{d}{dw}\ln w = \frac{1}{w}$$

㊹ 在单叶解析函数作成的变换下,拉普拉斯方程变为拉普拉斯方程.

证 设
$$w = f(z) = u(x,y) + iv(x,y)$$
单叶解析,现考察拉普拉斯方程
$$\frac{\partial^2 \zeta}{\partial x^2} + \frac{\partial^2 \zeta}{\partial y^2} = 0$$
在变换
$$\begin{cases} u = u(x,y) \\ v = v(x,y) \end{cases}$$
之下的变化,我们有
$$\frac{\partial \zeta}{\partial x} = \frac{\partial \zeta}{\partial u} \cdot \frac{\partial u}{\partial x} + \frac{\partial \zeta}{\partial v} \cdot \frac{\partial v}{\partial x}$$
$$\frac{\partial^2 \zeta}{\partial x^2} = \frac{\partial \zeta}{\partial u} \cdot \frac{\partial^2 u}{\partial x^2} + \frac{\partial^2 \zeta}{\partial u^2} \cdot \left(\frac{\partial u}{\partial x}\right)^2 + \frac{\partial \zeta}{\partial v} \cdot \frac{\partial^2 v}{\partial x^2} +$$
$$\frac{\partial^2 \zeta}{\partial v^2} \cdot \left(\frac{\partial v}{\partial x}\right)^2 + 2 \frac{\partial^2 \zeta}{\partial u \partial v} \cdot \frac{\partial u}{\partial x} \cdot \frac{\partial v}{\partial x}$$
且类似地有
$$\frac{\partial^2 \zeta}{\partial y^2} = \frac{\partial \zeta}{\partial u} \cdot \frac{\partial^2 u}{\partial y^2} + \frac{\partial^2 \zeta}{\partial u^2} \cdot \left(\frac{\partial u}{\partial y}\right)^2 + \frac{\partial \zeta}{\partial v} \cdot \frac{\partial^2 v}{\partial y^2} +$$
$$\frac{\partial^2 \zeta}{\partial v^2} \cdot \left(\frac{\partial v}{\partial y}\right)^2 + 2 \frac{\partial^2 \zeta}{\partial u \partial v} \cdot \frac{\partial u}{\partial y} \cdot \frac{\partial v}{\partial y}$$

将以上两式两边相加,左边相加等于 0. 再看右边相加的情况,因为 $f(z)$ 解析,故有柯西—黎曼条件成立:$\frac{\partial u}{\partial x} = \frac{\partial v}{\partial y}, \frac{\partial u}{\partial y} = -\frac{\partial v}{\partial x}$,将此关系代入以上两式的右端并相加则得
$$\frac{\partial^2 \zeta}{\partial u^2}\left[\left(\frac{\partial u}{\partial x}\right)^2 + \left(\frac{\partial u}{\partial y}\right)^2\right] + \frac{\partial^2 \zeta}{\partial v^2}\left[\left(\frac{\partial v}{\partial x}\right)^2 + \left(\frac{\partial v}{\partial y}\right)^2\right]$$
或
$$|f'(z)|^2 \left(\frac{\partial^2 \zeta}{\partial u^2} + \frac{\partial^2 \zeta}{\partial v^2}\right)$$
因左边相加为 0,故得

$$|f'(z)|^2 \left(\frac{\partial^2 \zeta}{\partial u^2} + \frac{\partial^2 \zeta}{\partial v^2}\right) = 0$$

又由 $f(z)$ 单叶知 $f'(z) \neq 0$,最后得

$$\frac{\partial^2 \zeta}{\partial u^2} + \frac{\partial^2 \zeta}{\partial v^2} = 0$$

此仍为一拉普拉斯方程. 证毕.

㊺ 若 $f(z)$ 在 $|z|<1$ 内解析,且

$$f(0) = 0, \quad |f(z)| < 1 \quad (|z|<1)$$

则在 $|z|<1$ 内恒有

$$|f(z)| \leqslant |z| \tag{1}$$

此外,若在 $|z|<1$ 内有一点 $z_0 \neq 0$,使得 $|f(z_0)| = |z_0|$,则有实数 α,使得在 $|z|<1$ 内恒有

$$f(z) = e^{i\alpha} z \tag{2}$$

亦即式(1)中等号成立.

引理的几何解释 引理表明:当映射 $w = f(z)$ 将原点映为原点且将单位圆 $|z|<1$ 映为单位圆 $|w|<1$ 内部时,那么,或者变换 $w = f(z)$ 只是一个旋转变换,或者 $|z|<1$ 内任一点 $z \neq 0$ 的象点 w 到原点的距离都比原象点 z 到原点的距离近,特别,圆 $|z| = r (0 < r < 1)$ 的象必在圆 $|w| = r$ 的内部,见图 1.

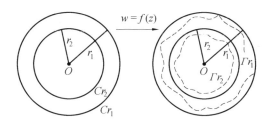

图 1

图中虚线 $\Gamma_{r_1}, \Gamma_{r_2}$ 分别是 C_{r_1}, C_{r_2} 的象曲线.

引理的证明 因 $f(z)$ 在原点的邻域 $|z|<1$ 解析,故可作泰勒展开,又因 $f(0) = 0$,故其在 $|z|<1$ 的泰勒展式为

$$f(z) = a_1 z + a_2 z^2 + \cdots + a_n z^n + \cdots$$

令

$$\varphi(z) = \frac{f(z)}{z} = a_1 + a_2 z + \cdots + a_n z^{n-1} + \cdots \quad (z \neq 0)$$

且定义 $\varphi(0) = a_1$,于是 $\varphi(z)$ 在 $|z| < 1$ 内解析.

如能证明在 $|z| < 1$ 内恒有 $|\varphi(z)| \leqslant 1$,就能立即得到所要证明的不等式(1).

注意到当 $|z| < 1$ 时,由 $|f(z)| < 1$ 的条件便可知,当 $0 < r < 1$ 时,必有

$$\max_{|z|=r} |\varphi(z)| = \max_{|z|=r} \left| \frac{f(z)}{z} \right| \leqslant \frac{1}{r} \tag{3}$$

对 $|z| < 1$ 内的任意一点 z_0 必有 r 使得 $|z_0| < r < 1$,由最大模原理及式(3)便有

$$|\varphi(z_0)| \leqslant \max_{|z|=r} |\varphi(z)| \leqslant \frac{1}{r}$$

上式中 r 可任意靠近 1,故得

$$|\varphi(z_0)| \leqslant 1 \tag{4}$$

特别,当 $z_0 \neq 0$ 时有

$$|\varphi(z_0)| = \left| \frac{f(z_0)}{z_0} \right| \leqslant 1 \text{ 或 } |f(z_0)| \leqslant |z_0|$$

而当 $z_0 = 0$ 时,式(1)是显然成立的. 由 z_0 的任意性,引理的前半部分已证毕.

假若在 $|z| < 1$ 内有一点 $z_0 \neq 0$ 使 $|f(z_0)| = |z_0|$,则在此点有 $|\varphi(z_0)| = 1$. 因已证得在 $|z| < 1$ 内,$|\varphi(z)| \leqslant 1$(见式(4)),故 $|\varphi(z_0)| = 1$ 表明解析函数 $\varphi(z)$ 在 $|z| < 1$ 内部的一点 z_0 达到了最大模. 因而由最大模原理知 $\varphi(z)$ 为一常数,此常数之模等于 1,故必有实数 α 使

$$\varphi(z) = e^{i\alpha} \quad (|z| < 1)$$

因此得 $f(z) = e^{i\alpha} z$,证毕.

❹⓺ 设单连通区域 D 和 G 分别是简单闭曲线 C 和 Γ 的内部. 若函数 $w = f(z)$ 在 $\overline{D}$ 上解析且将 C 双方单值地变为 Γ,则 $w = f(z)$ 在 D 内单叶且将 D 变为 G(即 $G = f(D)$)(这就是说,(1)当一个闭域上的解析函数双方单值地将边界映为边界时,则它也将区域双方单值地映为区域,因而此乃函数单叶性的一个判别法;(2)当一个解析函数双方单值地将区域的边界映为边界时,此函数不仅单叶,而且将区域变为区域,因而此函数也就作成保形变换. 所以,当要寻求将区域 D 变为区域 G 的保形变换时,只要寻求将 D 的边界双方单值地映

为 G 的边界的解析函数就够了).

证 我们着重证明等式
$$G = f(D)$$
在证明此等式的过程中附带证明 $w = f(z)$ 的单叶性.

为证明等式 $G = f(D)$,需证明两方面的事实:(1) 若 $w_0 \in G$,则 $w_0 \in f(D)$;(2) 若 $w_0 \notin f(D)$,则 $w_0 \notin G$. 第(2) 方面可换为,若 $w_0 \notin G$,则 $w_0 \notin f(D)$.

(1) 设 $w_0 \in G$,为证明 $w_0 \in f(D)$,即要证明存在点 z_0 使 $z_0 \in D$ 且 $f(z_0) = w_0$ 或说明方程 $f(z) - w_0 = 0$ 在 D 内即在 C 内部有根,由辐角原理
$$N(f(z) - w_0, C) = \frac{1}{2\pi} \Delta_C \arg[f(z) - w_0] = \frac{1}{2\pi} \Delta_\Gamma \arg(w - w_0)$$

因为已假设 $w = f(z)$ 将 C 双方单值且连续地变换为 Γ,所以当 z 绕 C 正向转一圈时,$w = f(z)$ 沿 Γ 的正向或负向转一圈. 因假设 $w_0 \in G$,故 w 沿 Γ 转时可视为绕点 w_0 转,因此,$w - w_0$ 的辐角的改变量应是 $\pm 2\pi$,于是
$$N(f(z) - w_0, C) = \frac{1}{2\pi} \Delta_\Gamma \arg(w - w_0) = \pm 1$$

因为 $N(f(z) - w_0, C)$ 非负,故得
$$N(f(z) - w_0, C) = 1$$

这就是说,对任何 $w_0 \in G$,方程 $f(z) - w_0 = 0$ 在 D 内恒有解,因而 $w_0 \in f(D)$. 又方程 $f(z) - w_0 = 0$ 在 D 内也仅有一解(因为 $N = 1$),这样也就附带证明了 $w = f(z)$ 的单叶性.

(2) 现设 $w_0 \notin G$,欲证 $w_0 \notin f(D)$.

$w_0 \notin G$ 可分为两种情形:w_0 在 Γ 外和 w_0 在 Γ 上.

先设 w_0 在 Γ 外,这时,当 z 沿 C 转一圈,从而 w 沿 Γ 转一圈时,$w - w_0$ 的辐角的改变量是 0,故
$$N(f(z) - w_0, C) = \frac{1}{2\pi} \Delta_\Gamma \arg(w - w_0) = 0$$

即方程 $f(z) - w_0 = 0$ 在 D 内无限,因而 $w_0 \notin f(D)$.

设 w_0 在 Γ 上,亦欲证 $f(z) - w_0 = 0$ 在 D 内无根. 现假定有根,即有 $z_0 \in D$ 使 $f(z_0) = w_0$. 因为 $f(D)$ 是一区域,又因等式 $f(z_0) = w_0$ 意味着 $w_0 \in f(D)$,故有 $r > 0$,使得圆 $|w - w_0| < r$ 含于 $f(D)$. 因为 w_0 在 Γ 上,所以可在 $|w - w_0| < r$ 内取一点 w_1,使得 w_1 在 Γ 外.

考察点 w_1,一方面,因 $|w - w_0| < r$ 含于 $f(D)$,故 $w_1 \in f(D)$,从而方

程 $f(z)-w_1=0$ 在 D 内有根；另一方面，因 w_1 在 Γ 外，前面也已证明，当点 w_1 在 Γ 外时，方程 $f(z)-w_1=0$ 在 D 内无根，矛盾，定理证毕.

❹❼ 线性变换 $w=kz+h(k\neq 0)$ 在扩充了的平面上是保角的.

证 因在任何有限点 $z\neq\infty$ 有
$$\frac{dw}{dz}=k\neq 0$$
故 $w=kz+h$ 在整个平面上是保角的.

现考虑点 $z=\infty$，此时 $w=\infty$，于是，对 z 和 w 同时要作倒数变换
$$\zeta=\frac{1}{z},\quad \eta=\frac{1}{w}$$
这样，$w=kz+h$ 就变为
$$\frac{1}{\eta}=k\frac{1}{\zeta}+h$$
或
$$\eta=\frac{\zeta}{h\zeta+k}$$
因为
$$\left.\frac{d\eta}{d\zeta}\right|_{\zeta=0}=\left.\frac{h\zeta+k-h\zeta}{(h\zeta+k)^2}\right|_{\zeta=0}=\frac{1}{k}\neq 0$$
所以变换 $\eta=\frac{\zeta}{h\zeta+k}$ 在 $\zeta=0$ 保角，从而变换 $w=kz+h$ 在点 $z=\infty$ 是保角的. 证毕.

❹❽ 变换 $w=\frac{1}{z}$ 在扩充了的平面上是保角的.

证 需要分三种情形.

首先，当 $z\neq 0$ 且 $z\neq\infty$ 时，因有
$$\frac{dw}{dz}=-\frac{1}{z^2}\neq 0$$
所以 $w=\frac{1}{z}$ 在 $z\neq 0$ 且 $z\neq\infty$ 的点都是保角的.

其次，当 $z=0$ 时，依上段约定，此时 $w=\infty$. 作变换 $\eta=\frac{1}{w}$. 于是变换 $w=\frac{1}{z}$ 变为 $\eta=z$. 因此 $\left.\frac{d\eta}{dz}\right|_{z=0}=1$，从而 $w=\frac{1}{z}$ 在 $z=0$ 保角.

最后,类似地证明 $w=\dfrac{1}{z}$ 在点 $z=\infty$ 保角. 请读者自行完成. 证毕.

㊾ 在线性变换 $w=\dfrac{az+b}{cz+d}$ 下,z 平面上的圆周或直线仍变为 w 平面上的圆周或直线.

证 在平移、旋转及相似变换下,圆周或直线仍变为圆周或直线的事实是显然的.

以下仅需就倒数变换 $w=\dfrac{1}{z}$ 来证明定理的结论. 在此变换之下,方程 $az\bar{z}+\bar{\beta}z+\beta\bar{z}+d=0$ 就变为
$$a\cdot\frac{1}{w}\cdot\frac{1}{\bar{w}}+\bar{\beta}\cdot\frac{1}{w}+\beta\cdot\frac{1}{\bar{w}}+d=0$$
或
$$dw\bar{w}+\beta w+\bar{\beta}\cdot\bar{w}+a=0 \tag{1}$$

因为 a,d 是实数且 w 与 $\bar{w}$ 的系数共轭,所以方程(1)也代表圆($d\neq 0$)或直线($d=0$). 方程 $az\bar{z}+\bar{\beta}z+\beta\bar{z}+d=0$,当 $a\neq 0$ 时代表圆,当 $a=0$ 时代表直线. 所以,在变换 $w=\dfrac{1}{z}$ 之下,它变成方程(1)就表示圆周或直线仍变为圆周或直线. 证毕.

注 1 本题正表明线性变换具有保圆性,因为直线可以看作是经过无穷远点的圆周,其理由如下:方程 $az\bar{z}+\bar{\beta}z+\beta\bar{z}+d=0$ 可改写为
$$a+\frac{\bar{\beta}}{\bar{z}}+\frac{\beta}{z}+\frac{d}{z\bar{z}}=0 \tag{2}$$

当点 z 通过 ∞ 时,由式(2)即知 $a=0$,这时方程 $az\bar{z}+\bar{\beta}z+\beta\bar{z}+d=0$ 或式(2)确实代表直线. 反之,直线(它必过 ∞ 点)的一般方程是
$$\bar{\beta}z+\beta\bar{z}+d=0$$
它可视为 $az\bar{z}+\bar{\beta}z+\beta\bar{z}+d=0$ 或式(2)的特例.

注 2 由上面的注 1 可知,当 z 平面上的圆周过点 $z=-\dfrac{d}{c}$ 时,在变换 $w=\dfrac{az+b}{cz+d}$ 之下变为 w 平面上的直线. 特别,当 z 平面上的圆周过原点 $z=0$ 时,在变换 $w=\dfrac{1}{z}$ 之下变为 w 平面上的直线.

此外,z 平面上的不过原点的直线在变换 $w=\dfrac{1}{z}$ 下变为圆周,一般情况下

是 z 平面上不过点 $z=-\dfrac{d}{c}$ 的直线在变换 $w=\dfrac{az+b}{cz+d}$ 下变为圆周. z 平面上过原点的直线在变换 $w=\dfrac{1}{z}$ 下仍变为直线,且象直线与原象直线关于实轴对称. 直线变直线的一般情形由读者叙述.

❺⓪ 两直线在无穷远点的交角等于这两直线在第二交点(设为有限点)的交角反号.

证 设两直线为 L_1,L_2.

因为是考虑 L_1 与 L_2 在无穷远点的交角,所以要考虑变换 $w=\dfrac{1}{z}$.

再设 L_1 与 L_2 在变换 $w=\dfrac{1}{z}$ 下的象分别是 L'_1 与 L'_2. 分两种情形进行讨论:一是 L_1 与 L_2 都通过原点,即 L_1 与 L_2 之交点在 $z_0=0$;二是 L_1 与 L_2 中至少有一条不过原点,此时 L_1 与 L_2 的交点 $z_0\neq 0$.

先论 $z_0=0$ 的情形,见图 2. 此时 L_1 与 L_2 在原点相交,由上题的注 2,在变换 $w=\dfrac{1}{z}$ 下,L_1 和 L_2 分别变为过原点而与它们关于实轴对称的直线 L'_1 和 L'_2. 若记 L_1 与 L_2 在原点 $z=0$ 的夹角为 β,则显然 L'_1 与 L'_2 在原点 $w=0$ 的交角为 $-\beta$. L'_1 与 L'_2 在原点 $w=0$ 的交角正是 L_1 与 L_2 在无穷远点 $z=\infty$ 的交角. 故这一交角确是 L_1 与 L_2 在第二交点的交角反号.

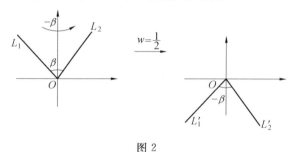

图 2

设 $z_0\neq 0$. 此时两直线 L_1 与 L_2 中至少有一不过原点. 于是在变换 $w=\dfrac{1}{z}$ 下,它们的象 L'_1 与 L'_2 至少有一为圆弧(理由见上题注 2),见图 3.

易见
$$z=\infty \to w=0$$
$$z=z_0 \to w=\dfrac{1}{z_0}$$

即 L_1 与 L_2 的两交点 ∞ 和 z_0 对应于 L'_1 与 L'_2 的两交点分别是 0 和 $\frac{1}{z_0}$. 明显的事实是 L'_1 与 L'_2 在点 $w=0$ 的交角若记为 $-\beta$,则 L'_1 与 L'_2 在点 $w=\frac{1}{z_0}$ 的交角是 $+\beta$. L'_1 与 L'_2 在 $w=0$ 的交角 $-\beta$ 正是 L_1 与 L_2 在 $z=\infty$ 的交角. 又由 $w=\frac{1}{z}$ 的保角性,L_1 与 L_2 在点 z_0 的交角和 L'_1 与 L'_2 在点 $\frac{1}{z_0}$ 的交角 β 应相等. 故 L_1 与 L_2 在点 ∞ 的交角确是 L_1 与 L_2 在第二交点 z_0 的交角反号.

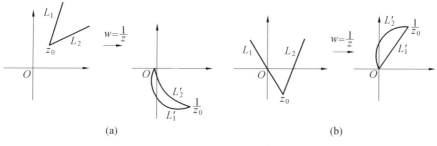

图 3

图 3(a) 中是两直线 L_1,L_2 都不过原点的情形;图 3(b) 中是 L_1 与 L_2 中仅 L_1 过原点的情形.

❺¹ 点 z_1 与 z_2 关于圆(包括直线)Γ 对称的充分必要条件是:通过点 z_1 与 z_2 的任何圆同 Γ 正交.

证 先设 Γ 为直线.

若点 z_1 与 z_2 关于直线 Γ 对称,即 Γ 垂直平分 z_1z_2,故过点 z_1 与 z_2 的任何圆的圆心必在 Γ 上,从而此种圆必与 Γ 正交. 必要性成立.

若过点 z_1 与 z_2 的任何圆同 Γ 正交,则此种圆之圆心必在 Γ 上,由此即可推知 Γ 乃 z_1z_2 的垂直平分线,从而点 z_1 与 z_2 关于 Γ 对称. 充分性亦成立.

现设 Γ 是圆而非直线.

必要性 设点 z_1 与 z_2 关于圆 $\Gamma:|z-a|=R$ 对称. 若 Γ_0 是过点 z_1 与 z_2 的直线(特殊的圆),则由对称点的定义知 Γ_0 必过点 a,从而 Γ_0 与 Γ 正交. 若 Γ_0 是过点 z_1 与 z_2 的(半径有限的)圆,见图 4. 现过点 a 作 Γ_0 的切线,记切点为 z_0.

一方面,由平面几何的定理知
$$|z_0-a|^2=|z_1-a|\cdot|z_2-a|$$

另一方面,由对称点的定义知

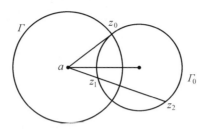

图 4

$$R^2 = |z_1 - a| \cdot |z_2 - a|$$

于是得知 $|z_0-a|^2=R^2$，从而 $|z_0-a|=R$，即切点 z_0 在圆周 Γ 上。这表明 Γ 与 Γ_0 正交。

充分性 设过点 z_1 与 z_2 的任何圆跟 Γ 正交。

首先，过点 z_1 和 z_2 的直线（特殊的圆）亦与 Γ 正交，故点 z_1 与 z_2 的连线通过圆心 a，又点 z_1 与 z_2 明显地不能位于点 a 的两侧（否则过点 z_1，z_2 的不是直线的圆与 Γ 必不正交）。因此点 z_1，z_2 在从点 a 出发的射线上。

取过点 z_1，z_2 的（非直线的）圆 Γ_0。由假设，Γ_0 与 Γ 正交。记 Γ_0 与 Γ 的交点之一为 z_0。联结点 z_0 与点 a，则 $z_0 a$ 为 Γ_0 的切线。

一方面，$z_0 a$ 是 Γ 的半径，即

$$|z_0 - a| = R$$

另一方面，由平面几何定理有

$$|z_0 - a|^2 = |z_1 - a| \cdot |z_2 - a|$$

故得 $|z_1-a| \cdot |z_2-a| = R^2$。于是点 z_1 与 z_2 为关于圆周 Γ 的对称点。证毕。

❺❷ 在线性变换 $w = \dfrac{az+b}{cz+d}$ 之下，记 z 平面上圆（包括直线）Γ 的象为 Γ'，则关于 Γ 对称的点 z_1，z_2，其象点 $w_1 = w(z_1)$ 和 $w_2 = w(z_2)$ 必关于 Γ' 对称。

即线性变换使得对称点仍变为对称点（故保对称点性）。

证 以下提到的圆周都包括直线为其特例。

z_1，z_2 和 $w_1 = w(z_1)$，$w_2 = w(z_2)$ 如定理中所设。

因为点 z_1，z_2 关于 Γ 对称，由引理的必要性知，过点 z_1，z_2 的一切圆与 Γ 正交。

现过点 w_1，w_2 任作一圆 C'，若 C' 与 Γ 的象 Γ' 正交，则由引理的充分性知，w_1，w_2 关于 Γ' 对称。

下证 C' 与 Γ' 正交. C' 必是过点 z_1, z_2 的某一圆 C 的象（注意线性变换的单叶性），而 C 和 Γ 正交. 于是由线性变换的保形性可知，C' 与 Γ' 正交. 证毕.

❺❸ 在变换 $W = \dfrac{aZ+b}{cZ+d}$ 之下有

$$(W_1, W_2, W_3, W_4) = (Z_1, Z_2, Z_3, Z_4)$$

其中 $W_k = \dfrac{aZ_k + b}{cZ_k + d}, k = 1, 2, 3, 4$.

证 易算得

$$W_4 - W_1 = \frac{(ad-bc)(Z_4 - Z_1)}{(cZ_4+d)(cZ_1+d)}$$

$$W_3 - W_1 = \frac{(ad-bc)(Z_3 - Z_1)}{(cZ_3+d)(cZ_1+d)}$$

$$W_4 - W_2 = \frac{(ad-bc)(Z_4 - Z_2)}{(cZ_4+d)(cZ_2+d)}$$

$$W_3 - W_2 = \frac{(ad-bc)(Z_3 - Z_2)}{(cZ_3+d)(cZ_2+d)}$$

于是得到

$$(W_1, W_2, W_3, W_4) = \frac{W_4 - W_1}{W_4 - W_2} : \frac{W_3 - W_1}{W_3 - W_2} =$$

$$\frac{(Z_4 - Z_1)(cZ_2 + d)}{(Z_4 - Z_2)(cZ_1 + d)} : \frac{(Z_3 - Z_1)(cZ_2 + d)}{(Z_3 - Z_2)(cZ_1 + d)} =$$

$$\frac{Z_4 - Z_1}{Z_4 - Z_2} : \frac{Z_3 - Z_1}{Z_3 - Z_2} = (Z_1, Z_2, Z_3, Z_4)$$

证毕.

❺❹ 若已知线性变换将扩充了的 z 平面上三个互异的点 Z_1, Z_2, Z_3 映为点 W_1, W_2, W_3，则此线性变换被唯一确定，且由下式所表示

$$\frac{W - W_1}{W - W_2} : \frac{W_3 - W_1}{W_3 - W_2} = \frac{Z - Z_1}{Z - Z_2} : \frac{Z_3 - Z_1}{Z_3 - Z_2} \tag{1}$$

证 首先，式(1)确实将点 Z_1, Z_2, Z_3 分别映为点 W_1, W_2, W_3，且易知式(1)所确定的变换是线性变换. 因为将点 Z_1, Z_2, Z_3 分别映为点 W_1, W_2, W_3 的线性变换是存在的.

其次，设 $W = f(Z)$ 是将点 Z_1, Z_2, Z_3 分别映为点 W_1, W_2, W_3 的另一线性变换. 又设点 Z 是异于点 Z_1, Z_2, Z_3 的任一点，并记点 Z 在线性变换 $W = f(Z)$

之下的象为 W,则由第 54 题有

$$(Z_1,Z_2,Z_3,Z)=(W_1,W_2,W_3,W)$$

由此可知,变换 $W=f(Z)$ 与式(1) 所确定的变换是一致的. 证毕.

(55) 若 a,b,c,d 都是实数,且 $ad-bc>0$,则 $W=\dfrac{aZ+b}{cZ+d}$ 将上半平面 $\mathrm{Im}\,Z>0$ 保形变换为上半平面 $\mathrm{Im}\,W>0$.

证 因 a,b,c,d 是实数,所以 $W=\dfrac{aZ+b}{cZ+d}$ 也将实数变为实数,从而可断言,此变换将实轴 $\mathrm{Im}\,Z=0$ 变为实轴 $\mathrm{Im}\,W=0$(下记 $f(Z)=\dfrac{aZ+b}{cZ+d}$).

现过实轴 $\mathrm{Im}\,Z=0$ 上任取一点 Z_0,并过 Z_0 作实轴的一段法线 n 且指向上半平面(见图 5(a)),由于

$$\left.\frac{\mathrm{d}W}{\mathrm{d}Z}\right|_{Z=Z_0}=\frac{ad-bc}{(cZ_0+d)^2}>0$$

故 $f(n)$ 的旋转角为 0,于是 $f(n)$ 亦垂直实轴 $\mathrm{Im}\,W=0$ 并指向上半平面(见图 5(b)). 此时 $W=\dfrac{aZ+b}{cZ+d}$ 确将上半平面 $\mathrm{Im}\,Z>0$ 映为上半平面 $\mathrm{Im}\,W>0$. 证毕.

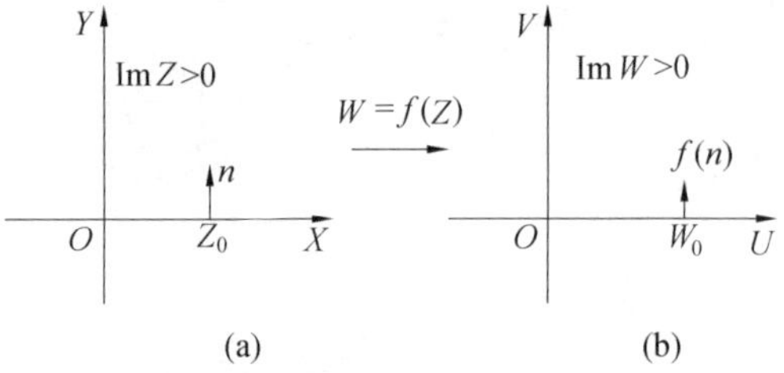

图 5

(56) 求将上半平面 $\mathrm{Im}\,Z>0$ 保形变换为单位圆 $|W|<1$ 内的线性变换,且使 $Z=a(\mathrm{Im}\,a>0)$ 变为 $W=0$.

解 现在是求区域变为区域的保形变换. 据边界对应原理,我们却只要寻求到将区域边界映为另一区域边界的保形变换就好了. 此刻我们就应考虑将实轴 $\mathrm{Im}\,Z=0$ 映为单位圆周 $|W|=1$ 的变换,而这正是从线性变换中能寻求到的.

题中已规定点 $Z=a$ 映为 $W=0$. 又关于实轴 $\mathrm{Im}\,Z=0$ 与 a 对称的点是 $\bar{a}$,

关于单位圆周 $|W|=1$ 与 0 对称的点是 ∞. 由于线性变换的保对称点性, 故点 $Z=\bar{a}$ 应映为 $W=\infty$. 于是所求之线性变换具有以下形式

$$W = k\frac{Z-a}{Z-\bar{a}}$$

其中 k 是待定常数, 不过我们可推知 k 的模等于 1, 因为 $Z=0$ 的象点亦必在单位圆周 $|W|=1$ 上, 故将 $Z=0$ 代入 $k\dfrac{Z-a}{Z-\bar{a}}$ 中并取绝对值即得

$$\left| k \cdot \frac{-a}{-\bar{a}} \right| = 1$$

然而 $\left|\dfrac{-a}{-\bar{a}}\right|=1$, 故 $|k|=1$. 从而所求变换可写为

$$W = e^{i\alpha}\frac{Z-a}{Z-\bar{a}}$$

α 为实参数.

注 1 由于实参数并不确定, 所以第 57 题中所求变换并非唯一. 为使所求变换唯一确定, 尚需附加条件. 此外我们作一些具体的讨论.

因

$$\frac{\mathrm{d}W}{\mathrm{d}Z}\bigg|_{Z=a} = \left(e^{i\alpha}\frac{Z-a}{Z-\bar{a}} \right)'_{Z=a} = e^{i\alpha}\frac{1}{a-\bar{a}} = \frac{-1}{2\operatorname{Im} a}ie^{i\alpha}$$

又 $\operatorname{Im} a > 0$, 故 $\arg W'(a) = \alpha - \dfrac{\pi}{2}$. 于是, 若指定了变换在点 $Z=a$ 处的旋转角, 那么就能确定 α. 从而变换也就被唯一确定.

又因为对 $\dfrac{Z-a}{Z-\bar{a}}$ 乘上 $e^{i\alpha}$ 意味着一个旋转, 因此只要指定实轴 $\operatorname{Im} Z=0$ 上某一点对应单位圆周 $|W|=1$ 上某一点, α 就能被确定下来, 从而变换也被唯一确定.

注 2 在第 56 题的实际讨论中是将实轴 $\operatorname{Im} Z=0$ 变为圆周 $|W|=1$. 至于所求变换 $W=e^{i\alpha}\dfrac{Z-a}{Z-\bar{a}}$ 是将上半平面 $\operatorname{Im} Z>0$ 变为单位圆 $|W|<1$ 内还是变为单位圆外了呢? 因为 $\operatorname{Im} a>0$, 故点 $Z=a$ 在上半平面内, 而其象点为 $W=0$, $W=0$ 在单位圆内. 所以上述问题的回答是, 上半平面 $\operatorname{Im} Z>0$ 变为单位圆 $|Z|<1$ 内.

57 求将单位圆 $|Z|<1$ 保形变换到单位圆 $|W|<1$ 的线性变换, 并指定一点 $Z=a(|a|<1)$ 变为 $W=0$.

解 由边界对应原理, 我们只需寻求将 $|Z|=1$ 变为 $|W|=1$ 的线性变

换.

现已知 $Z=a$ 变为 $W=0$, 不妨设 $a\neq 0$, 则 a 关于圆 $|Z|=1$ 对称的点是 $\dfrac{1}{\bar{a}}$, 而 $W=0$ 关于圆 $|W|=1$ 的对称点是 ∞. 由线性变换的保对称点性知, $\dfrac{1}{\bar{a}}$ 的象点是 ∞, 故所求线性变换应为以下形式

$$W = k\frac{Z-a}{Z-\dfrac{1}{\bar{a}}}$$

k 为复参数.

因为 $Z=1$ 在圆周 $|Z|=1$ 上, 所以 $Z=1$ 的象点

$$W_1 = k\frac{1-a}{1-\dfrac{1}{\bar{a}}}$$

必在 $|W|=1$ 上, 故

$$|W_1| = \left|k\cdot\frac{1-a}{1-\dfrac{1}{\bar{a}}}\right| = 1$$

或

$$|\bar{a}k|\cdot\left|\frac{1-a}{a-1}\right| = 1$$

因 $\left|\dfrac{1-a}{1-a}\right|=1$, 故 $|\bar{a}k|=1$. 于是 $-\bar{a}k=\mathrm{e}^{\mathrm{i}\alpha}$

$$k\frac{Z-a}{Z-\dfrac{1}{\bar{a}}} = -\bar{a}k\frac{Z-a}{1-\bar{a}Z} = \mathrm{e}^{\mathrm{i}\alpha}\frac{Z-a}{Z-a}$$

因而所求变换为

$$W = \mathrm{e}^{\mathrm{i}\alpha}\frac{Z-a}{1-\bar{a}Z}$$

进行与上题相同的讨论可知, 圆 $|Z|<1$ 内变为圆 $|W|<1$ 内.

此外只要指定了在点 $Z=a$ 处变换 $W=\mathrm{e}^{\mathrm{i}\alpha}\dfrac{Z-a}{1-\bar{a}Z}$ 的旋转角 $\arg W'(a)$, 变换就被唯一确定, 或者只要指定单位圆周 $|Z|=1$ 上某一点变为单位圆周 $|W|=1$ 上某一点, 变换也被唯一确定.

❺❽ 三个相互外切的圆周(切点之一在原点 $Z=0$) 所围成的区域在变换 $W=\dfrac{1}{Z}$ 的象区域是什么?

解 现记三个圆的切点为 o,a,b. 于是曲边三角形 oab 由三段弧 $\overset{\frown}{oa}$, $\overset{\frown}{ab}$, $\overset{\frown}{bo}$ 组成，见图 6.

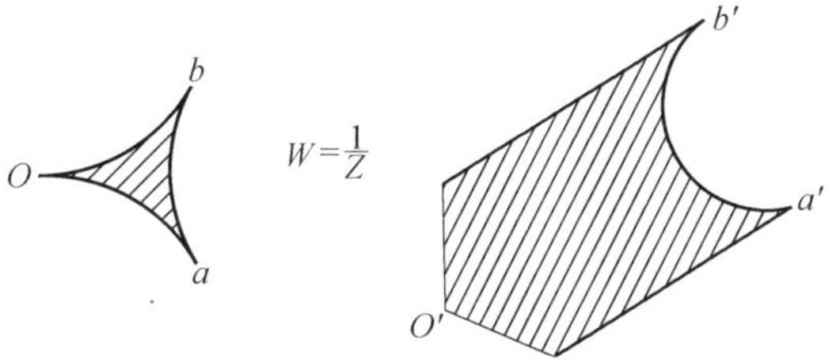

图 6

首先，由线性变换 $W=\dfrac{1}{Z}$ 的保圆性知，$\overset{\frown}{oa}$, $\overset{\frown}{ab}$, $\overset{\frown}{bo}$ 都变成了圆弧. 但 $\overset{\frown}{oa}$, $\overset{\frown}{bo}$ 过原点 $Z=0$，故它们的象实际上是射线，$\overset{\frown}{ab}$ 不过原点 $Z=0$，故其象是(半径有限的) 圆弧 $\overset{\frown}{a'b'}$. 记 a,b 的象点为 a',b'，O 的象点为 O'(实为 ∞).

其次，由线性变换 $W=\dfrac{1}{Z}$ 的保角性知，两射线 $a'o'$ 与 $b'o'$ 都与 $\overset{\frown}{a'b'}$ 弧相切，切点分别是 a',b'. 又 $a'o'$ 与 $b'o'$ 无有限交点，故它们平行. 由此即知 $\overset{\frown}{a'b'}$ 为半圆周. 因此，曲边三角形 oab 所围区域的象区域由平行的射线 $a'o'$, $b'o'$ 和半圆周 $\overset{\frown}{a'b'}$ 所围成.

(59) 指定点 $Z_1=2, Z_2=\mathrm{i}, Z_3=-2$ 分别被映成 $W_1=-1, W_2=\mathrm{i}, W_3=1$，求此线性变换.

解 这只要套用以下公式

$$\frac{W-W_1}{W-W_2}:\frac{W_3-W_1}{W_3-W_2}=\frac{Z-Z_1}{Z-Z_2}:\frac{Z_3-Z_1}{Z_3-Z_2}$$

就行了，于是得到

$$\frac{W+1}{W-\mathrm{i}}:\frac{1+1}{1-\mathrm{i}}=\frac{Z-2}{Z-\mathrm{i}}:\frac{-2-2}{-2-\mathrm{i}}$$

整理即得 $W=\dfrac{Z-6\mathrm{i}}{3\mathrm{i}Z-2}$.

我们还指出，因为 Z_1,Z_2,Z_3 和 W_1,W_2,W_3 都不是共线的三点，所以所求线性变换 $W=\dfrac{Z-6\mathrm{i}}{3\mathrm{i}Z-2}$ 将 $2,\mathrm{i},-2$ 所决定的圆周映为 $-1,\mathrm{i},1$ 所决定的圆周；$W=\dfrac{Z-6\mathrm{i}}{3\mathrm{i}Z-2}$ 将前一圆周的内部映为后一圆周的外部，见图 7.

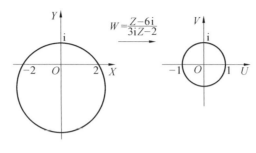

图 7

❻⓪ 求将 $\infty, 0, 1$ 分别变为 $0, 1, \infty$ 的线性变换.

解 仍套用上例用到的公式,不过碰到含 ∞ 的项就用 1 代替,于是得

$$\frac{W-0}{W-1} : \frac{1}{1} = \frac{1}{Z-0} : \frac{1}{1-0}$$

整理即得

$$W = \frac{1}{1-Z}$$

此变换是将上半平面 $\mathrm{Im}\, Z > 0$ 变为上半平面 $\mathrm{Im}\, W > 0$ 的,或者按一般形式 $W = \frac{aZ+b}{cZ+d}$,此例中, $a=0, b=1, c=1, d=1$,故 $ad-bc=1>0$,因而, $W = \frac{1}{1-Z}$ 将上半平面变为上半平面.

❻① 试求区域

$$|z+i| > \sqrt{2},\ |z-i| < \sqrt{2}$$

变到上半平面 $\mathrm{Im}\, \omega > 0$ 的保形变换.

解 此乃一个二角形区域,见图 8.

显然,我们应考虑变换

$$\zeta = \frac{z+1}{z-1}$$

它将二角形区域映成为 ζ 平面上的一个角形区域,点 $z=-1$ 变为此角形区域的顶点 $\zeta=0$. 因为易知此二角形区域的内角(即两圆弧的交角)是 $\frac{\pi}{2}$,故 ζ 平面上的角形区域的张角亦为 $\frac{\pi}{2}$. 为弄清楚此张角等于 $\frac{\pi}{2}$ 的角形区域的方位,我们计算

$$\frac{\mathrm{d}\zeta}{\mathrm{d}z}\bigg|_{z=-1} = \left(\frac{z+1}{z-1}\right)'_{z=-1} = \left(\frac{-2}{(z-1)^2}\right)_{z=-1} = -\frac{1}{2}$$

这就是说，变换 $\zeta = \frac{z+1}{z-1}$ 在 $z=-1$ 处的旋转角为 $-\pi$. 因为圆周 $|z+\mathrm{i}|=\sqrt{2}$ 从点 -1 到 1 那一段弧在点 -1 的方向角是 $\frac{\pi}{4}$，因而此段圆弧的象（从原点 $\zeta=0$ 出发的射线）在原点 $\zeta=0$ 的方向角应是

$$\frac{\pi}{4} - \pi = -\frac{3}{4}\pi$$

因此在变换 $\zeta = \frac{z+1}{z-1}$ 之下，$|z+\mathrm{i}|>\sqrt{2}$，$|z-\mathrm{i}|<\sqrt{2}$ 的区域如图 9 中阴影部分所示.

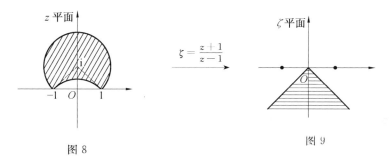

图 8　　　　　　　图 9

欲将此张角等于 $\frac{\pi}{2}$ 的区域变为半平面，即变为张角等于 π 的角形区域，我们借助变换

$$\eta = \zeta^2$$

因为 $-\frac{3}{4}\pi$ 的两倍是 $-\frac{3}{2}\pi$，所以 ζ 平面上的上述角形区域变成了 η 平面上的左半平面，见图 10.

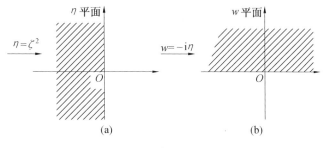

(a)　　　　　　　(b)

图 10

为使左半平面变为上半平面，则只要作变换

$$w=-\mathrm{i}\eta$$

于是所求保形变换乃是

$$w=-\mathrm{i}\eta=-\mathrm{i}\zeta^2=-\mathrm{i}\left(\frac{z+1}{z-1}\right)^2$$

❻❷ 求将区域

$$|z|<1,\quad \mathrm{Im}\,z>0$$

保形映射到上半平面 $\mathrm{Im}\,w>0$ 的变换.

解 本题之区域：$|z|<1,\mathrm{Im}\,z>0$ 也是一个二角形区域，其特殊之处只在于有一边是直边. 因此本题之解法与上题完全类似，先考虑变换

$$\zeta=\frac{z+1}{z-1}$$

因为 z 平面上的二角形区域的内角是 $\frac{\pi}{2}$，所以在变换 $\zeta=\frac{z+1}{z-1}$ 下，它的象区域是 ζ 平面上的一张角为 $\frac{\pi}{2}$ 的角形域.

又因为

$$\left(\frac{\mathrm{d}\zeta}{\mathrm{d}z}\right)'_{z=-1}=\left(\frac{1}{-(z-1)^2}\right)_{z=-1}=-\frac{1}{4}$$

故旋转角为 $-\pi$. 这样，ζ 平面上的这个张角为 $\frac{\pi}{2}$ 的角形域就必如图 11(b) 所示.

再作变换

$$w=\zeta^2$$

就将 ζ 平面上的上述角形区域变成了上半平面 $\mathrm{Im}\,w>0$. 因此所求变换为

$$w=\zeta^2=\left(\frac{z+1}{z-1}\right)^2$$

现将本题的变换过程图示如下：

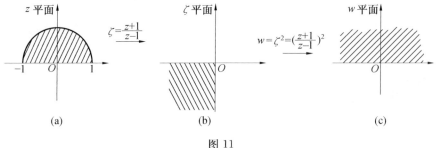

图 11

❸ 求相切于点 $z=a$ 的两圆周所围成的月牙形区域(见图 12(a))到上半平面 $\operatorname{Im} w > 0$ 的保形变换(图 12).

解 此月牙形区域也可视为一个二角形区域,其特殊之处就在于这个二角形区域的两顶点重合了.

解题的设想如下:作一线性变换,并让 $z=a$ 变到点 ∞,因而两圆均变为直线且在点 ∞ 相交,那就可指望月牙形区域变为一带形区域.而对于带形区域则有可能通过指数函数变为角形区域,再由角形区域变到上半平面就不难了.

叙述如下:

作线性变换
$$\zeta = \frac{cz+d}{z-a}$$

a 如题中所设,c,d 为适当选择的常数.

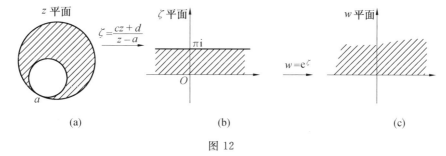

(a)　　　　　　　(b)　　　　　　　(c)

图 12

由线性变换的保圆性知,z 平面的两圆周都变成了 ζ 平面上的直线,又由线性变换的保角性知,ζ 平面上的这两直线必平行(因为两圆相切).故由边界对应原理知,变换 $\zeta = \dfrac{cz+d}{z-a}$ 将月牙形区域变成了 ζ 平面上的带形区域.只要适当选择 c 和 d,$\zeta = \dfrac{cz+d}{z-a}$ 就可变月牙形区域为带形区域 $0 < \operatorname{Im} \zeta < \pi$.

欲将此带形区域映为上半平面 $\operatorname{Im} w > 0$,就借助于指数函数 $w = e^{\zeta}$,于是所求保形变换是
$$w = e^{\frac{cz+d}{z-a}}$$

❹ 求一保形变换,使得由上半平面 $\operatorname{Im} z > 0$ 割去了虚轴,从点 $z=0$ 到点 $z=hi(h>0)$ 的那段所成之区域 D 变到上半平面 $\operatorname{Im} w > 0$.

解 我们当然集中注意力于边界之间的变换. 现在,区域 D 的边界是由

一条直线($\operatorname{Im} z=0$)和一段突出的部分(虚轴上从点 $z=0$ 到 $z=hi$ 的一段)所组成. 这条边界"怪"就怪在有一段"突出"部分,而象曲线则应仅仅是一条直线($\operatorname{Im} w=0$). 因此我们首先会想到要设法将 D 的边界的"突出"部分"抹平",这是寻求所需变换的着眼点.

我们可以把 D 的边界视为从原点出发的两条射线(正实轴 L_1,负实轴 L_2)和一条线段(即那个"突出"的部分,记为 L_3)所组成. L_3 与 L_1 交角 $90°$,要"抹平""突出"部分,自应选用函数 $\zeta=z^2$,这样,L_3 与 L_1 的象曲线交角就会是 $180°$,这就"摊平"了. L_2 与 L_1 的夹角本是 $180°$,在变换 $\zeta=z^2$ 下,象曲线夹角就会是 $360°$ 了,从而也不会出现新的"突出"部分. 现正式叙述如下:

变换(此函数于 D 单叶解析)

$$\zeta=z^2 \tag{1}$$

可以使 z 平面上区域 D 的边界变为 ζ 平面上由点 $\zeta=-h^2$ 出发的射线

$$\operatorname{Im} \zeta=0, \quad \operatorname{Re} \zeta \geqslant -h^2$$

再经平移变换

$$\eta=\zeta+h^2 \tag{2}$$

就可将 ζ 平面上的射线 $\operatorname{Im} \zeta=0, \operatorname{Re} \zeta \geqslant -h^2$ 变为 η 平面上的正实轴

$$\operatorname{Im} \eta=0, \quad \operatorname{Re} \eta \geqslant 0$$

然后经变换

$$w=\sqrt{\eta} \tag{3}$$

就将 η 平面上的正实轴 $\operatorname{Im} \eta=0, \operatorname{Re} \eta \geqslant 0$ 变成 w 平面上的实轴 $\operatorname{Im} w=0$. 此外,$\sqrt{\eta}$ 是在正实轴上取正值的那一个单值解析分支,于是易知

$$w=\sqrt{\eta}=\sqrt{\zeta+h^2}=\sqrt{z^2+h^2}$$

即为所求之保形变换.

变换(1),(2),(3)逐次将 z 平面上的区域 D 保形变换到上半平面 $\operatorname{Im} w>0$ 的图像如图 13 所示.

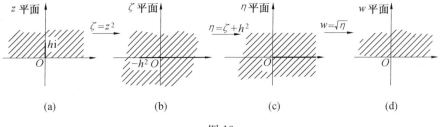

图 13

❺ 求将角形区域 $-\dfrac{\pi}{4} < \arg z < \dfrac{\pi}{2}$ 变到上半平面 $\operatorname{Im} w > 0$ 的保形变换,且使点 $z_1 = 1-\mathrm{i}, z_2 = \mathrm{i}, z_3 = 0$ 分别变为点 $w_1 = 2, w_2 = -1, w_3 = 0$.

解 此题实际上是将角形域变成角形域(半平面视为张角等于 π 的角形域),因此只要借助幂函数,然后通过半平面的旋转即变到上半平面. 至于要求点 z_1, z_2, z_3 分别对应于 w_1, w_2, w_3,可再通过上半平面到上半平面的保形变换来使之满足.

因为角形域 $-\dfrac{\pi}{4} < \arg z < \dfrac{\pi}{2}$ 的张角是 $\dfrac{3}{4}\pi$,所以利用变换

$$\zeta = z^{\frac{4}{3}} \tag{4}$$

即可将此角形域变成半平面

$$-\dfrac{\pi}{3} < \arg \zeta < \dfrac{2}{3}\pi \tag{5}$$

再通过旋转变换

$$\eta = \mathrm{e}^{\mathrm{i}\frac{\pi}{3}} \zeta \tag{6}$$

便将半平面(5)变成上半平面

$$0 < \arg \eta < \pi \tag{7}$$

现在审查点 z_1, z_2, z_3 变成了区域(7)的边界上的什么点?通过变换(4)和(6)易知 $z_1 = 1-\mathrm{i}, z_2 = \mathrm{i}$ 和 $z_3 = 0$ 分别变换成了 $\eta_1 = \sqrt[3]{4}, \eta_2 = -1, \eta_3 = 0$.

最后作使点 η_1, η_2, η_3 分别变为 $w_1 = 2, w_2 = -1, w_3 = 0$ 的上半平面 $\operatorname{Im} \eta > 0$ 到上半平面 $\operatorname{Im} w > 0$ 的变换

$$w = \dfrac{2(\sqrt[3]{4}+1)\eta}{(\sqrt[3]{4}-2)\eta + 3\sqrt[3]{4}} \tag{8}$$

复合变换(4),(6),(8),即得所求之变换

$$w = \dfrac{2(\sqrt[3]{4}+1)\mathrm{e}^{\mathrm{i}\frac{\pi}{3}} z^{\frac{4}{3}}}{(\sqrt[3]{4}-2)\mathrm{e}^{\mathrm{i}\frac{\pi}{3}} z^{\frac{4}{3}} + 3\sqrt[3]{4}}$$

现将角形域 $-\dfrac{\pi}{4} < \arg z < \dfrac{\pi}{2}$ 通过变换(4),(6),(8)而变换到上半平面 $\operatorname{Im} w > 0$ 的过程绘于图 14 所示.

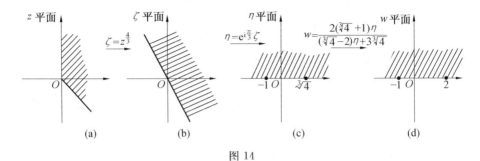

图 14

❻❻ 讨论 $w=\cos z$ 将半带形区域 D
$$0<\operatorname{Re} z<\pi,\quad \operatorname{Im} z>0$$
保形变换到 w 平面上的什么区域?

解 在此之前,我们尚未具体涉及三角函数的变换,但是,三角函数
$$w=\cos z=\frac{1}{2}(e^{iz}+e^{-iz})$$
可以分解为我们已知的三个变换的复合
$$\zeta=iz,\ \eta=e^{\zeta},\ w=\frac{1}{2}\left(\eta+\frac{1}{\eta}\right)$$

首先注意,$w=\cos z$ 在半带形域 D 上是单叶解析的,因而它属于保形变换,变换
$$\zeta=iz \tag{1}$$
是一个旋转变换,它显然将 D 变为另一半带形域 D_1
$$0<\operatorname{Im} \zeta<\pi,\quad \operatorname{Re} \zeta<0 \tag{2}$$
又变换 $\eta=e^{\zeta}$ 是将 D_1 变成了单位圆的上半部 D_2
$$|\eta|<1,\quad \operatorname{Im} \eta>0$$
最后,变换
$$w=\frac{1}{2}(\eta+\frac{1}{\eta}) \tag{3}$$
将单位圆的上半部 D_2 映成为 w 平面上的下半平面 $\operatorname{Im} w<0$. 因此,函数 $w=\cos z$ 将 z 平面上的半带形域 $0<\operatorname{Re} z<\pi,\operatorname{Im} z>0$ 保形变换为 w 平面的下半平面 $\operatorname{Im} w<0$,见图 15.

❻❼ 若 $\{D_2,F(z)\}$ 是 $\{D_1,f(z)\}$ 在区域 D_2 的解析开拓,则此解析元素 $\{D_2,F(z)\}$ 是唯一确定的(这定理叫作解析开拓的唯一性定理,实际上由解析函数的唯一性定理可直接得到).

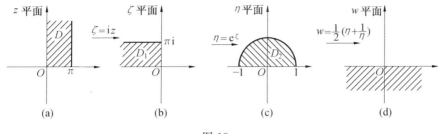

图 15

证 若有区域 D_2 内的解析函数 $\phi(z)$,当 $z \in D_1$ 时,$\phi(z) = f(z)$,则因 D_2 上的两个解析函数 $F(z)$ 和 $\phi(z)$ 在一个子区域 (D_1) 上相等,于是由解析函数的唯一性定理知,在 D_2 上有 $\phi(z) \equiv F(z)$. 证毕.

❽ 设 $f(z)$ 为一个整函数,在 x 轴的某一线段上等于一个多项式,如 $x \in [0,1]$,则 $f(z)$ 为一个多项式.

证 设 $f(x) = a_0 + a_1 x + \cdots + a_n x^n$ 在 $[0,1]$ 上,则 $f(z)$ 与 $a_0 + a_1 z + \cdots + a_n z^n$ 对 $z \in [0,1]$ 相同,且二者在全平面上解析(因二者为整函数),故由唯一性定理知,在全平面上
$$f(z) = a_0 + a_1 z + \cdots + a_n z^n$$

❾ 试证
$$f_1(z) = \sum_{n=0}^{\infty} (-1)^n i^n z^n \quad \text{与} \quad f_2(z) = \sum_{n=0}^{\infty} (-1)^n \frac{(1+i)^n z^n}{(1-z)^{n+1}}$$
互为直接解析开拓.

证 我们来求出元素 (f_1, G_1) 与 (f_2, G_2),在 $G_1 \cap G_2$ 上,$f_1(z) = f_2(z)$ 即可.

因
$$f_1(z) = \sum_{n=0}^{\infty} (-iz)^n = \frac{1}{1+iz}, G_1: |z| < 1$$

$$f_2(z) = \sum_{n=0}^{\infty} (-1)^n \frac{(1+i)^n z^n}{(1-z)^{n+1}} = \frac{1}{1-z} \sum_{n=0}^{\infty} \left[-\frac{(1+i)z}{1-z} \right]^n = \frac{1}{1+iz}$$

$$G_2: |(1+i)z| < |1-z|$$
$$(\text{即}(x+1)^2 + y^2 < 2)$$

显然 $G_1 \cap G_2 = g \neq 0$,当 $z \in g$ 时
$$f_1(z) = f_2(z) = \frac{1}{1+iz}$$

所以 $f_1(z)$ 与 $f_2(z)$ 互为直接解析开拓.

❼⓪ 试把幂级数的和 $f(z)=\sum_{n=1}^{\infty}\dfrac{z^n}{n}$，在点 $z=-\dfrac{1}{2}$ 的邻域内展开成泰勒级数，问在怎样的区域内能开拓函数 $f(z)$?

解 我们先求出和函数 $f(z)$.

因为 $f(z)=\sum_{n=1}^{\infty}\dfrac{z^n}{n}$ 的收敛半径 $R=1$，所以当 $|z|<1$ 时

$$f'(z)=\sum_{n=1}^{\infty}z^{n-1}=\sum_{n=0}^{\infty}z^n=\dfrac{1}{1-z}$$

故在 $|z|<1$ 时，可取

$$f(z)=-\ln(1-z)$$

于是

$$f_1(z)=-\ln(1-z)=-\ln\left[\dfrac{3}{2}-\left(z+\dfrac{1}{2}\right)\right]=$$

$$-\ln\dfrac{3}{2}-\ln\left[1-\dfrac{2}{3}\left(z+\dfrac{1}{2}\right)\right]=$$

$$\ln\dfrac{2}{3}+\sum_{n=1}^{\infty}\left(\dfrac{2}{3}\right)^n\cdot\dfrac{1}{n}\left(z+\dfrac{1}{2}\right)^n$$

$$\left(\left|z+\dfrac{1}{2}\right|<\dfrac{3}{2}\right)$$

即 $f(z)=\sum_{n=1}^{\infty}\dfrac{1}{n}z^n$ 在点 $z=\dfrac{1}{2}$ 的泰勒展式为

$$f_1(z)=\ln\dfrac{2}{3}+\sum_{n=1}^{\infty}\left(\dfrac{2}{3}\right)^n\dfrac{1}{n}\left(z+\dfrac{1}{2}\right)^n$$

其收敛圆为 $\left|z+\dfrac{1}{2}\right|<\dfrac{3}{2}$.

所以在此收敛圆内能开拓函数 $f(z)$.

❼① 设 $f(z)=\sum_{n=1}^{\infty}(-1)^{n-1}\dfrac{z^n}{n}$，$|z|<1$，若 $|a|<1$，$|z-a|<|1+a|$，试证 $f(a)=f\left(\dfrac{z-a}{1+a}\right)$ 是 $f(z)$ 的解析开拓.

证 因

$$f(z) = \sum_{n=1}^{\infty} (-1)^{n-1} \frac{1}{n} z^n = \ln(1+z)(主支) \quad |z|<1$$

当

$$|a|<1, |z-a|<|1+a|$$

时,有

$$\left|\frac{z-a}{1+a}\right|<1$$

所以

$$\varphi(z) = f(a) + f\left(\frac{z-a}{1+a}\right) = \ln(1+a) + \ln\left[1+\frac{z-a}{1+a}\right] = \ln(1+z)$$

令 G_1 为 $|z|<1$, G_2 为 $|z-a|<|1+a|$ ($|a|<1$).

显然 $G_1 \cap G_2 = g \neq 0$, 当 $z \in g$ 时

$$\varphi(z) = f(z) = \ln(1+z)$$

所以

$$\varphi(z) = f(a) + f\left(\frac{z-a}{1+a}\right)$$

$$(|a|<1, |z-a|<|1+a|)$$

是

$$f(z) = \sum_{n=1}^{\infty} (-1)^{n-1} \frac{1}{n} z^n \quad (|z|<1)$$

在 G_2 内的解析开拓.

❼❷ 试证由 $f_1(z) = 1 + z + z^2 + \cdots + z^n + \cdots$ 与 $f_2(z) = \dfrac{1}{1-a} + \dfrac{z-a}{(1-a)^2} + \dfrac{(z-a)^2}{(1-a)^3} + \cdots + \dfrac{(z-a)^n}{(1-a)^{n+1}} + \cdots$ 定义的函数互为解析开拓.

证 设

$$f(z) = \frac{1}{1-z}$$

则当 $|z|<1$ 时,有

$$f(z) = f_1(z)$$

又当 $|z-a|<|1-a|$ 时,有

$$f(z) = f_2(z)$$

故 $f_1(z)$ 与 $f_2(z)$ 互为解析开拓(特别,当 $|a|<2$ 时, $|z|<1$ 与 $|z-a|<$

$|1-a|$ 二区域有公共部分，此时 $f_1(z)$ 与 $f_2(z)$ 互为直接解析开拓).

❼❸ 设 θ 是一个无理数，$a=\mathrm{e}^{\mathrm{i}\theta\pi}$，证明

$$f(z)=\sum_{n=0}^{\infty}a^{n^2}z^n$$

有一个单位圆的自然边界.

证 函数 $f(z)$ 遵循方程

$$f(z)-1=azf(a^2z) \tag{1}$$

$f(z)$ 至少有一个奇异点 z_0 在单位圆上，由式(1) 知 a^2z_0 也是一个奇异点，重复这个，$a^{2m}z_0$ 是一个奇异点，$m=0,1,\cdots$. 因 θ 是无理数，这些点在单位圆上是处处稠密的，所以单位圆是 $f(z)$ 的一个自然边界，若 θ 是有理数，则 $f(z)$ 是一个有理函数.

❼❹ 由幂级数

$$\sum_{n=0}^{\infty}z^{2^n}$$

所确定的函数 $f(z)$ 以 $|z|=1$ 为自然边界.

我们来证明以上事实.

证 级数 $\sum_{n=0}^{\infty}z^{2^n}$ 的收敛半径是 1，因而 $f(z)=\sum_{n=0}^{\infty}z^{2^n}$ 在 $|z|<1$ 内解析. 今记区域 $|z|<1$ 为 D.

注意，符号 $f(z)$ 仅表示幂级数 $\sum_{n=0}^{\infty}z^{2^n}$ 所确定的函数，因而 $\{D,f(z)\}$ 是一个解析元素.

现在以 $F(z)$ 表示含解析元素 $\{D,f(z)\}$ 的完全解析函数，我们证明 $F(z)$ 的边界即自然边界就是 $|z|=1$.

我们先证明 $z=1$ 是 $F(z)$ 的奇点. 由定义，当 $z\in D$ 时，$F(z)=f(z)$. 特别，我们取 $z=x,0<x<1$，于是 $z=x\in D$，而且这时必有

$$F(z)=f(z)=f(x)=x^2+x^4+\cdots+x^{2^n}+\cdots>x^2+x^4+\cdots+x^{2^n}$$

因而

$$\lim_{x\to 1}F(x)=\lim_{z\to 1}f(z)\geqslant\lim_{x\to 1}(x^2+x^4+\cdots+x^{2^n})=n$$

由 n 的任意性即知

$$\lim_{x\to 1}F(x)=\lim_{x\to 1}f(x)=\infty$$

故得知 $z=1$ 是 $F(z)$ 的奇点.

又由于
$$f(z) = z^2 + z^4 + \cdots + z^{2^n} + (z^{2^{n+1}} + z^{2^{n+2}} + \cdots) =$$
$$z^2 + z^{2^2} + \cdots + z^{2^n} + [(z^{2^n})^2 + (z^{2^n})^{2^2} + \cdots] =$$
$$z^2 + z^{2^2} + \cdots + z^{2^n} + f(z^{2^n})$$

而 $z^2, z^{2^2}, \cdots, z^{2^n}$ 都解析,所以使得 $z^{2^n} = 1$ 的点都是 $F(z)$ 的奇点,于是,对于任何非负整数 n,点

$$z_k = e^{\frac{2k\pi i}{2^n}} \quad (k=0,1,2,\cdots,2^n-1)$$

均为 $F(z)$ 的奇点.所有这种点构成圆周 $|z|=1$ 的一个稠密子集.由此,圆周 $|z|=1$ 上任何一点都是 $F(z)$ 的奇点,因为圆周 $|z|=1$ 上的点为形如 $e^{\frac{2k\pi i}{2^n}}$ 的点这种点所成集合之聚点.

这样,$F(z)$ 就不能再向圆周 $|z|=1$ 外开拓,可见,$F(z)$ 同圆周 $|z|=1$ 为自然边界.从而 $F(z)$ 的解析区域就是 $|z|<1$ 即同域 D.于是完全解析函数就是解析元素 $\{D, f(z)\}$ 本身.当然 $f(z)$ 以 $|z|=1$ 为自然边界.

❼❺ 证明:若给定两个元素 $(f_1, G_1), (f_2, G_2)$,区域 G_1 与 G_2 互相邻接,在它们公共开弧 δ 上,$f_1(z) = f_2(z)$,并且 $f_1(z)$ 与 $f_2(z)$ 分别在 $G_1 \cup \delta$ 与 $G_2 \cup \delta$ 上连续,则这两个元素互为直接解析开拓.

证法 1 我们来证明在域 $G = G_1 \cup G_2 \cup \delta$ 上存在一个解析函数 $f(z)$,它在 $G_j (j=1,2)$ 上与 $f_j(z)$ 重合,为此令

$$f(z) = \begin{cases} f_1(z) & (z \in G_1) \\ f_2(z) & (z \in G_2) \\ f_1(z) = f_2(z) & (z \in \delta) \end{cases}$$

因为 $f_1(z)$ 与 $f_2(z)$ 分别在 $G_1 \cup \delta$ 与 $G_2 \cup \delta$ 上连续,所以 $f(z)$ 是 G 内的连续函数,由莫雷拉(Morera)定理,我们只需证明 $f(z)$ 沿 G 内任一条逐段光滑闭路 C 的积分为零即可,为此,在 G 内作任一上述闭路 $C = v_1 + v_2$,倘若 C 全部含于 G_1 或 G_2 内,则

$$\int_C f(z) \mathrm{d}z = 0 \quad (柯西定理)$$

倘若 C 与 δ 相交于 AB,把 C 在 G_1 与 G_2 内的部分,分别记为 v_1 与 v_2,知

$$\int_{v_2 + \overline{BA}} f_1(z) \mathrm{d}z = 0$$

$$\int_{v_1 + \overline{AB}} f_2(z) \mathrm{d}z = 0$$

于是
$$\int_C f(z)\mathrm{d}z = \int_{r_2+\overline{BA}} f(z)\mathrm{d}z + \int_{r_1+\overline{AB}} f(z)\mathrm{d}z =$$
$$\int_{r_2+\overline{AB}} f_1(z)\mathrm{d}z + \int_{r_1+\overline{AB}} f_2(z)\mathrm{d}z = 0$$

由莫雷拉定理知,$f(z)$ 是 G 内的解析函数,所以元素 (f_1,G_1) 与 (f_2,G_2) 互为直接解析开拓.

证法 2 我们只需证明 $f(z)$ 在 δ 上任意一点 z_0 是解析的即可.

为此作 C：$|z-z_0|=r(C\subset G)$.

C 与 δ 相交于 A，B 两点，C 在 G_1 与 G_2 的部分分别记为 C_1 与 C_2，闭曲线 $C_1+\overline{BA}$ 与 $C_2+\overline{AB}$ 的内部,记为 G'_1 与 G'_2. 当 $z\in G'_1$ 时,可知

$$f(z) = \frac{1}{2\pi\mathrm{i}}\int_{C_1+\overline{BA}} \frac{f(\zeta)\mathrm{d}\zeta}{\zeta-z}$$

又由柯西定理的更一般形式知

$$\frac{1}{2\pi\mathrm{i}}\int_{C_2+\overline{AB}} \frac{f(\zeta)\mathrm{d}\zeta}{\zeta-z} = 0$$

所以

$$f(z) = \frac{1}{2\pi\mathrm{i}}\int_C \frac{f(\zeta)\mathrm{d}\zeta}{\zeta-z}$$

同理,当 $z\in G'_2$ 时

$$f(z) = \frac{1}{2\pi\mathrm{i}}\int_{C_2+\overline{AB}} \frac{f(\zeta)\mathrm{d}\zeta}{\zeta-z}, \quad \frac{1}{2\pi\mathrm{i}}\int_{C_1+\overline{BA}} \frac{f(\zeta)\mathrm{d}\zeta}{\zeta-z} = 0$$

故亦有

$$f(z) = \frac{1}{2\pi\mathrm{i}}\int_C \frac{f(\zeta)\mathrm{d}\zeta}{\zeta-z}$$

下面证明

$$f(z_0) = \lim_{z\to z_0} f(z) = \lim_{z\to z_0} \frac{1}{2\pi\mathrm{i}}\int_C \frac{f(\zeta)\mathrm{d}\zeta}{\zeta-z} = \frac{1}{2\pi\mathrm{i}}\int_C \frac{f(\zeta)\mathrm{d}\zeta}{\zeta-z_0}$$

因 $f(\zeta)$ 在 C 上连续,故

$$|f(\zeta)| \leqslant \max_{\zeta\in C}\{|f(\zeta)|\} = M$$

因函数 $\dfrac{1}{\zeta-z}(\zeta\in C)$ 在点 z_0 连续,所以对任给 $\varepsilon>0$,存在 ρ,当 $|z-z_0|<\rho$ 时,有

$$\left|\frac{1}{\zeta-z} - \frac{1}{\zeta-z_0}\right| < \varepsilon$$

于是

$$\left| \frac{1}{2\pi i} \int_C \frac{f(\zeta)d\zeta}{\zeta-z} - \frac{1}{2\pi i} \int_C \frac{f(\zeta)d\zeta}{\zeta-z_0} \right| \leqslant \frac{M\varepsilon}{2\pi} \int_C |d\zeta| = Mr\varepsilon$$

即

$$\lim_{z \to z_0} \frac{1}{2\pi i} \int_C \frac{f(\zeta)d\zeta}{\zeta-z} = \frac{1}{2\pi i} \int_C \frac{f(\zeta)d\zeta}{\zeta-z_0}$$

即

$$f(z_0) = \frac{1}{2\pi i} \int_C \frac{f(\zeta)d\zeta}{\zeta-z_0}$$

上式右端是柯西型积分,$f(z)$ 在点 z_0 解析,而 z_0 是 δ 上任意一点,故 $f(z)$ 在 δ 上解析.于是,$f(z)$ 是 G 内的解析函数,且在 $G_j (j=1,2)$ 上分别与 $f_j(z)$ 重合,所以元素(f_1,G_1) 与 (f_2,G_2) 互为直接开拓.

注 此例说明了证明 $f(z)$ 是解析的两种方法,一是证它是柯西型积分所确定的函数;另一是用莫雷拉定理.

76 幂级数 $\sum_{n=1}^{\infty} \frac{1}{n} z^n$ 与 $i\pi + \sum_{n=1}^{\infty} (-1)^n \frac{1}{n}(z-2)^n$ 的收敛圆无公共部分,试证其互为解析开拓.

证 设两个幂级数的和函数分别为 $f_1(z)$ 与 $f_2(z)$.则

$$f_1(z) = \sum_{n=1}^{\infty} \frac{1}{n} z^n = -\ln(1-z) \quad (|z|<1)$$

$$f_2(z) = i\pi + \sum_{n=1}^{\infty} (-1)^n \frac{(z-2)^n}{n} =$$
$$-\ln(z-1) + i\pi =$$
$$-\ln(1-z) \quad (|z-2|<1)$$

令

$$f_3(z) = -\ln(1-z) = -\ln\{-i - [z-(1+i)]\} =$$
$$-\ln(-i) - \ln\left[1 + \frac{z-(1+i)}{i}\right] =$$
$$\frac{\pi i}{2} - \sum_{n=1}^{\infty} \frac{(-1)^{n-1}}{n} \left[\frac{z-(1+i)}{i}\right]^n$$
$$(|z-(1+i)|<1)$$

于是得到 $f_3(z)$ 为 $f_1(z)$ 在 $G_3: |z-(1+i)|<1$ 内的直接解析开拓;$f_3(z)$ 为 $f_3(z)$ 在 $G_2: |z-2|<1$ 内的直接解析开拓.

所以,$f_1(z)$ 与 $f_2(z)$ 所对应的元素互为解析开拓.

注 此题说明了两个元素$(f_1,G_1),(f_2,G_2)$ 在 $G_1 \cap G_2 = 0$ 时互为解析

开拓的一种方法. 当然 $f_3(z)$ 的选取,只要满足 $G_3 \cap G_1 \neq 0, G_3 \cap G_2 \neq 0$ 即可. 例如也可令 $f_3(z) = -\ln(1-z) = -\ln\{i-[z-(1-i)]\}$,即求 $-\ln(1-z)$ 在 $z=1-i$ 的泰勒展开式.

❼❼ 级数 $-\dfrac{1}{z} - \sum\limits_{n=0}^{\infty} z^n$ 与 $\sum\limits_{n=1}^{\infty} \dfrac{1}{z^{n+1}}$ 的收敛域无公共部分,试证明它们互为解析开拓.

证 设两个级数的和函数分别为 $f_1(z)$ 与 $f_2(z)$,则

$$f_1(z) = -\frac{1}{z} - \sum_{n=0}^{\infty} z^n = \frac{1}{z(z-1)} \quad (0 < |z| < 1)$$

$$f_2(z) = \sum_{n=1}^{\infty} \frac{1}{z^{n+1}} = \frac{1}{z(z-1)} \quad (|z| > 1)$$

令

$$f_3(z) = \frac{1}{z(z-1)} \quad (z \neq 0, z \neq 1)$$

于是,除去点 $z=0$ 与 $z=1$ 外,$f_3(z)$ 是整个复平面上的解析函数,且

$$f_3(z) = \begin{cases} f_1(z) & (z \in G_1, \text{即 } 0 < |z| < 1) \\ f_2(z) & (z \in G_2, \text{即 } |z| > 1) \end{cases}$$

即 $f_3(z)$ 是 $f_1(z)$ 与 $f_2(z)$ 在 G_3(复平面除去点 0 和 1)内的直接解析开拓. 所以元素 (f_1, G_1) 与 (f_2, G_2) 互为解析开拓.

注 这里又说明一种证明两个元素(其中 $G_1 \cap G_2 = 0$)互为解析开拓的方法.

❼❽ 证明级数 $\sum\limits_{n=0}^{\infty} [z(4-z)]^n$ 在 $z=0$ 及 $z=4$ 的邻域内可以展为幂级数,其和函数 $f_1(z)$ 与 $f_2(z)$ 可以从一方解析开拓至另一方.

证 设 $\sum\limits_{n=0}^{\infty} [z(4-z)]^n$ 的和函数为 $f(z)$,则

$$f(z) = \sum_{n=0}^{\infty} [z(4-z)]^n = \frac{1}{1-z(4-z)} = \frac{1}{z^2-4z+1}$$
$$(|z(4-z)| < 1)$$

于是 $f(z)$ 在复平面上除去两个简单极点 $z=2\pm\sqrt{3}$ 外,处处解析. 因而可在 $z=0$ 及 $z=4$ 的邻域内展成泰勒级数. 若其和函数为 $f_1(z)$ 与 $f_2(z)$,则 $f(z)$

是 $f_1(z)$ 与 $f_2(z)$ 在复平面上(除去点 $z=2\pm\sqrt{3}$)的直接解析开拓. 故 $f_1(z)$ 与 $f_2(z)$ 所对应的元素可以从一方解析开拓至另一方.

❼⓽ 设实轴上的线段 $\Gamma: a < x < b$ 为边界的一部分的上半平面上的区域为 D_1,它与实轴对称的区域为 D_2. $f_1(z), f_2(z)$ 各在 D_1, D_2 上为解析,且对于 Γ 上的任意点有

$$\lim_{y \to 0}(f_1(x+iy) - f_2(x-iy)) = 0 \quad (y > 0)$$

则 $f_1(z)$ 越过 Γ 可开拓到 D_2,并且在 D_2 上与 $f_2(z)$ 相一致.

证 若设

$$F(z) = f_1(z) + \overline{f_2(\bar{z})}$$

$F(z)$ 在 D 上为解析的,现在令

$$f_1(z) = u_1(x, y) + iv_1(x, y)$$
$$f_2(z) = u_2(x, y) + iv_2(x, y)$$

则

$$R[F(z)] = v_1(x, y) - v_2(x, -y) = w_1(x, y)$$

由假设对于 Γ 上的点

$$\lim_{y \to 0} w_1(x, y) = 0 \quad (y > 0)$$

所以由对称原理,$F(z)$ 越过 Γ 可开拓到 D_2,令开拓到 D_2 上的函数为 $\phi(z)$,有

$$F(z) = f_1(z) + \overline{f_2(\bar{z})} = \phi(z) \quad (z \in D_1) \tag{1}$$

同样地,若设

$$G(z) = i(f_1(z) - \overline{f_2(\bar{z})})$$

则

$$R[G(z)] = u_1(x, y) - u_2(x, -y) = w_2(x, y)$$

由所设,因

$$\lim_{y \to 0} w_2(x, y) = 0 \quad (y > 0)$$

所以 $G(z)$ 越过 Γ 可开拓到 D_2,设开拓到 D_2 的这个函数为 $\psi(z)$,有

$$G(z) = i(f_1(z) - \overline{f_2(\bar{z})}) = \psi(z) \quad (z \in D_1) \tag{2}$$

由式(1),(2)得

$$f_1(z) = \frac{\phi(z) - i\psi(z)}{2} \tag{3}$$

$$\overline{f_2(\bar{z})} = \frac{\phi(z) + i\psi(z)}{2} \tag{4}$$

因为 $\phi(z), \psi(z)$ 都是在 $D_1 + D_2 + \Gamma$ 上为解析的,所以,由式(3),$f_1(z)$ 也

是其上的解析函数. 即 $f_1(z)$ 可开拓到 D_2. 因为 $\phi(z), \psi(z)$ 在 Γ 上取实数值, 所以由式(4), 在 Γ 上有 $f_1(z) = f_2(z)$. 故在 D_2 上 $f_1(z)$ 的开拓与 $f_2(z)$ 相一致.

❽⓿ 证明级数 $\sum\limits_{n=0}^{\infty} \left(\dfrac{z^n}{1+z^n} - \dfrac{z^{n+1}}{1+z^{n+1}} \right)$ 在 $|z|<1$ 与 $1<|z|+\infty$ 内可以表示为解析函数 $f_1(z)$ 与 $f_2(z)$, 但它们不能从一方解析开拓至另一方.

证 设级数的和函数为 $f(z)$, 则
$$s_n(z) = \sum_{n=0}^{n} \left(\frac{z^k}{1+z^k} - \frac{z^{k+1}}{1+z^{k+1}} \right) = \frac{1}{2} - \frac{z^{n+1}}{1+z^{n+1}}$$

所以
$$f(z) = \lim_{n \to \infty} s_n(z) = \begin{cases} \dfrac{1}{2} & (|z|<1) \\ -\dfrac{1}{2} & (|z|>1) \end{cases}$$

于是
$$f_1(z) = \frac{1}{2} \quad (|z|<1)$$
$$f_2(z) = -\frac{1}{2} \quad (1<|z|<\infty)$$

显然它们都是解析函数, 但由于对圆周 $|z|=1$ 上任意一点 $z_0(|z_0|=1)$, 无论怎样定义 $f(z)$ 在 z_0 的值, $f(z)$ 在点 z_0 不连续, 所以 $f_1(z)$ 与 $f_2(z)$ 都不能解析开拓到 $f(z)$, 因此 $f_1(z)$ 与 $f_2(z)$ 不能从一方解析开拓至另一方.

❽① 设 $f(z) = \sum\limits_{n=0}^{\infty} a_n (z - z_0)^n$ 有收敛半径 $R > 0$.

(1) 是否常有数列 z_n 有 $|z_n - z_0| < R, n = 1, 2, \cdots,$ 且 $|z_n - z_0| \to R$ 使 $f(z_n) \to \infty$?

(2) f 能否解析开拓到圆 $|z - z_0| < R + \varepsilon$, 对某个 $\varepsilon > 0$?

解 (1) 这样的数列不一定存在, 例如级数 $\sum\limits_{n=1}^{\infty} \dfrac{z^n}{n^2}$, 由比值法, 收敛半径为
$$\lim_{n \to \infty} \left| \frac{a_n}{a_{n+1}} \right| = \lim_{n \to \infty} \frac{(n+1)^2}{n^2} = 1$$

但对 $|z| \leqslant 1$,我们有

$$\left|\sum_{n=1}^{\infty} \frac{z^n}{n^2}\right| \leqslant \sum_{n=1}^{\infty} \left|\frac{z^n}{n^2}\right| = \sum_{n=1}^{\infty} \frac{|z|^n}{n^2} \leqslant \sum_{n=1}^{\infty} \frac{1}{n^2} < \infty$$

因此 $|f(z)|$ 在 $(z \mid |z| \leqslant 1)$ 上有上界 $\sum_{n=1}^{\infty} \frac{1}{n^2}$,所以 $f(z_n) \to \infty$ 是不可能的.

(2) 不可能,因设在 $|z-z_0| < R+\varepsilon$ 上有解析函数 g,$|z-z_0| < R$,有 $f = g$,则因 f 与 g 是解析的,在 $|z-z_0| < R$ 上,于是泰勒级数 $\sum_{n=0}^{\infty} a_n (z-z_0)^n$ 在 $|z-z_0| < R+\varepsilon$ 上,因而所给级数的收敛半径将大于 R,这不可能.

❽❷ 设 $f_1(z)$ 与 $f_2(z)$ 分别是 $|z| \leqslant 1$ 与 $|z| \geqslant 1$ 上的解析函数,则

$$\frac{1}{2\pi i} \int_{|\zeta|=1} \left[\frac{f_1(\zeta)}{\zeta-z} - \frac{z f_2(\zeta)}{\zeta(\zeta-z)}\right] d\zeta = \begin{cases} f_1(z) & (|z|<1) \\ f_2(z) & (|z|>1) \end{cases}$$

其中积分闭路 $|\zeta|=1$ 为正向.

证 由柯西定理与柯西公式知

$$\frac{1}{2\pi i} \int_{|\zeta|=1} \frac{f_1(\zeta) d\zeta}{\zeta-z} = \begin{cases} f_1(z) & (|z|<1) \\ 0 & (|z|>1) \end{cases}$$

又令 $\zeta = \frac{1}{\omega}$,则 ζ 绕 $|\zeta|=1$ 正向转一周时,ω 绕 $|\omega|=1$ 反向转一周,于是

$$-\frac{1}{2\pi i} \int_{|\zeta|=1} \frac{z f_2(\zeta) d\zeta}{\zeta(\zeta-z)} = \frac{1}{2\pi i} \int_{|\omega|=1} \frac{f_2\left(\frac{1}{\omega}\right)}{\omega - \frac{1}{z}} d\omega = \begin{cases} f_2(z) & (|z|>1) \\ 0 & (|z|<1) \end{cases}$$

所以

$$\frac{1}{2\pi i} \int_{|\zeta|=1} \left[\frac{f_1(\zeta)}{\zeta-z} - \frac{z f_2(\zeta)}{\zeta(\zeta-z)}\right] d\zeta = \begin{cases} f_1(z) & (|z|<1) \\ f_2(z) & (|z|>1) \end{cases}$$

注 这里 $f_1(z)$ 与 $f_2(z)$ 是彼此无关的. 一般地,当然不能互为解析开拓,但却可以表示为同一个式子,即左边的积分.

❽❸ 设 f 在区域 A 上解析,且有 z_1 与 $z_2 \in A$,而 $f'(z_1) \neq 0$,则 f 在 z_2 的邻域内不能是一个常数.

证 若 f 在 z_2 的某个邻域内为常数,则由唯一性定理,它在 A 上亦将为常数,此时对任何 $z_1 \in A$,将有 $f'(z_1) = 0$ 与假设不合.

❽❹ 证明级数 $f(z)=1+\sum_{n=1}^{\infty}z^{2n}$ 不能开拓到收敛圆外去.

证 级数的收敛为 $|z|=1$.

当 $z\to 1-0$, $f(z)\to +\infty$, 所以 $z=+1$ 是一个奇点.

因

$$f(z)=z^2+\sum_{n=1}^{\infty}(z^2)^{2^n}=z^2+f(z^2)$$

当 $z^2\to 1-0$ 时, $f(z^2)\to\infty$, 因之 $f(z)\to\infty$, 故函数 $f(z)$ 在 $z^2=1$ 时有奇点, 即 $z=-1$ 也是一个奇点.

再因

$$f(z)=z^2+z^4+f(z^4)$$

由此易知 $z^4=1$ 的根都是 $f(z)$ 的奇点.

一般地, 方程式 $z^2=1, z^4=1, z^8=1, z^{16}=1, \cdots$ 的根都是 $f(z)$ 的奇点, 这些点都在单位圆上, 因此在单位圆上的无论如何短的弧上, 都是无限密集的奇点, 所以单位圆是自然边界, 级数也就不能向外开拓.

❽❺ 试问确定于区间 $-\infty<x<+\infty$ 上的实函数 $F(x)=\sqrt{x^2}$ 能否开拓到复数平面上去?

解 不能. 因

$$F(x)=\sqrt{x^2}=|x| \quad (-\infty<x<+\infty)$$

而 $f(z)=|z|$ 在全平面上非解析函数, 且若其可能, 则

$$f(z)=\sqrt{z^2}=\rho e^{2\left(\frac{2\pi i}{2}\right)}=\rho$$

(因可选其由 $x>0$ 延拓起, 故取 $\theta=0$). $x=\rho(-\infty<\rho<+\infty)$, 于是开拓不出去.

❽❻ 设函数 $f(z)$ 在原点解析, 并且在原点的邻域内适合方程

$$f(2z)=2f(z)f'(z)$$

试证明 $f(z)$ 可以开拓到整个复平面上去.

证 因 $f(z)$ 在原点解析, 所以 $f'(z)$ 在原点也解析, 于是可设 $f(z)$ 与 $f'(z)$ 在 $|z|<r$ 内解析, 故

$$f(2z)=2f(z)f'(z)$$

在 $|z|<r$ 内也解析, 令 $w_1=2z$, 则 $f(w_1)$ 在 $|w_1|=2|z|<2r$ 内解析, 因而

$$f(2w_1) = 2f(w_1)f'(w_1)$$

在 $|w_1| < 2r$ 也解析.

令 $w_2 = 2w_1$,则 $f(w_2)$ 在 $|w_2| = 2|w_1| < 2 \cdot 2r = 4r$ 内解析. 如此类推,用归纳法可得,$f(w_n)$ 在 $|w_n| < 2^n r$ 内解析. 这里 n 是任意的自然数,故 $f(z)$ 可以开拓到整个复平面上.

❽ 求实函数 $\arctan x$ 在复数域中的解析开拓.

解 由

$$\arctan z = \int_0^z \frac{\mathrm{d}\zeta}{1+\zeta^2}$$

是多值函数,在任一个不含点 $z = \pm i$ 的有界单连通域内是解析的,若在 z 平面上去掉虚轴 y 上从 $-i$ 到 i 的直线段后剩下的域内,$\arctan z$ 的每一支都是解析的.

我们取定当 $z = 1$ 时

$$\arctan 1 = \int_0^1 \frac{\mathrm{d}\zeta}{1+\zeta^2} = \frac{\pi}{4}$$

的一支,这时对任意的实数 $x(x \neq 0)$,有

$$\arctan x = \int_0^x \frac{\mathrm{d}t}{1+t^2}$$

其中积分路线为 x 轴上从 0 到 x 的直线段.

由此可见,复变函数 $\arctan z$ 是实函数 $\arctan x$ 在复数域中的解析开拓.

注 此例是用积分作工具进行解析开拓.

❽❽ 试问,若函数

$$f(x) = \begin{cases} \mathrm{e}^{-\frac{1}{x^2}} & (x \neq 0) \\ 0 & (x = 0) \end{cases}$$

确定在 $-1 < x < 1$ 上,能否将它开拓到复平面上去.

解法 1 用反证法,倘若 $f(x)$ 可以开拓到复平面上,因为当 $x \neq 0$ 时,$x \in (-1, 1)$,$f(x) = \mathrm{e}^{-\frac{1}{x^2}}$. 由解析开拓的唯一性知,开拓后的函数只能是 $F(z) = \mathrm{e}^{-\frac{1}{z^2}}$,它应是全复平面上的函数,但由于

$$F(z) = \mathrm{e}^{-\frac{1}{z^2}} = \sum_{n=0}^{\infty} \frac{(-1)^n}{n!} \cdot \frac{1}{z^{2n}}$$

所以,点 $z = 0$ 是 $F(z)$ 的本性奇点,即 $F(z)$ 在点 $z = 0$ 不可展,矛盾.

解法 2   因为 $x \neq 0$ 时
$$f'(x) = -\frac{2}{x^3} e^{-\frac{1}{x^2}}$$
而
$$f'(0) = \lim_{x \to 0} \frac{e^{-\frac{1}{x^2}} - 0}{x} = \lim_{x \to 0} \frac{\frac{1}{x}}{e^{\frac{1}{x^2}}} = 0$$
所以
$$\lim_{x \to 0} f'(x) = f'(0) = 0$$
即 $f'(x)$ 在 $x=0$ 连续,可以证明
$$f^{(n)}(0) = 0 \quad (n=1,2,\cdots)$$
于是,$f(z)$ 的马克劳林级数为
$$0 + 0x + \frac{0}{2}x^2 + \cdots + \frac{0}{n!}x^n + \cdots$$
此级数当然对任意的 x 均收敛(收敛于 0),但除 $x=0$ 外,都不收敛于 $f(x)$,所以 $f(x)$ 在 $x=0$ 的邻域内不能展为幂级数.因此 $f(x)$ 不能开拓到复平面上(否则开拓后的复函数在原点不解析,矛盾).

❽❾ 试证明 $|z|=1$ 是下列函数 $f(z)$ 的自然边界.

(1) $f(z) = \sum\limits_{n=1}^{\infty} z^{n!}$;

(2) $f(z) = \sum\limits_{n=0}^{\infty} z^{2^n}$;

(3) $f(z) = \sum\limits_{n=0}^{\infty} \frac{z^{2^n+2}}{(2^n+1)(2^n+2)}$.

证   (1) $f(z) = \sum\limits_{n=1}^{\infty} z^{n!}$ 的收敛半径 $R=1$.

下面用反证法,倘若 $|z|=1$ 不是 $f(z)$ 的自然边界,则在 $|z|=1$ 上就有一段弧完全由 $f(z)$ 的正则点所组成,而其中有无穷多个形如 $z_0 = e^{2\pi i \frac{p}{q}}$ (p,q 是自然数) 的点,实际上形如 $z_0 = e^{2\pi i \frac{p}{q}}$ 的点,在 $|z|=1$ 上是稠密分布的(即 $|z|=1$ 上任一点 z 的任意邻域内都含有形如 z_0 的点).所以我们只要证明,这样形式的点,不是 $f(z)$ 的正则点即可.亦即,只需证明,当 $z \to z_0$ 时,$f(z) \to \infty$ 即可.

为此,令 $z = \rho z_0$ ($0 < \rho < 1$),则

$$f(z) = \sum_{n=1}^{q-1} z^{n!} + \sum_{n=q}^{\infty} z^{n!}$$

因为当 $n > q$ 时

$$z^{n!} = (\rho e^{2\pi i \frac{p}{q}})^{n!} = \rho^{n!}$$

又设 $M = 2q + N$,其中 N 是一个任意大的正整数,于是

$$|f(z)| > \sum_{n=q}^{\infty} \rho^{n!} - \sum_{n=1}^{q-1} |z|^{n!} > \sum_{n=q}^{M} \rho^{M!} - \sum_{n=1}^{q-1} \rho^{n!} >$$
$$\rho^{M!}(M - q + 1) - (q - 1)$$

而

$$\lim_{\rho \to 1^-} [\rho^{M!}(M - q + 1) - (q - 1)] = M - 2q + 2 = N + 2$$

因此,适当地选择 ρ_0,对于所有的 ρ 值($\rho_0 < \rho < 1$),就必然有 $|f(z)| > N$,由于 N 是一个可以任意大的正整数,故有,当点 z 沿半径趋向于点 z_0 ($\rho \to 1$) 时,$|f(z)| \to \infty$.

(2) $f(z) = \sum_{n=0}^{\infty} z^{2^n}$ 的收敛半径 $R = 1$.

方法一 可以完全仿照第(1)题中的证明,区别的只是 $z_0 = e^{2\pi i \frac{p}{2^q}}$ (p, q 正整数)(略).

方法二 我们先证明 $z = 1$ 是 $f(z)$ 的奇点,即只要证明,当 z 在单位圆内沿实轴趋向于 1 时,$f(z) \to \infty$.

事实上

$$s_n(x) = \sum_{k=0}^{n} x^{2^k} \to (n + 1) \quad (x \to 1^-)$$

因此,当 $1 - x < \delta(n)$,即 $x > 1 - \delta(n)$ 时,有

$$s_n(x) = \sum_{k=0}^{n} x^{2^k} > n$$

于是,当 $x > 1 - \delta(n)$ 时

$$f(x) = \sum_{k=0}^{\infty} x^{2^k} > \sum_{k=0}^{n} x^{2^k} > n$$

故 $\lim_{x \to 1} f(x) = \infty$(因为 n 可任意大),又

$$f(z) = z + z^2 + z^4 + z^8 + \cdots = z + [z^2 + (z^2)^2 + (z^2)^4 + \cdots] = z + f(z^2)$$

所以 $z^2 = 1$,即 $z = \pm 1$ 是 $f(z)$ 的奇点.

又有

$$f(z) = z + z^2 + f(z^4)$$

所以满足方程 $z^4 = 1$ 的点都是 $f(z)$ 的奇点,如此继续,用归纳法可得方程

$$z^{2^n} = 1 \quad (n=1,2,\cdots)$$

的根都是 $f(z)$ 的奇点，这些奇点都在 $|z|=1$ 上，因此在 $|z|=1$ 的无论如何小的弧上，都有无限密集的奇点（即 $|z|=1$ 的任意一点是奇点或是奇点的极限点），所以 $|z|=1$ 是 $f(z)$ 的自然边界.

(3) $f(z) = \sum_{n=0}^{\infty} \dfrac{z^{2^n+2}}{(2^n+1)(2^n+2)}$.

将上级数逐项微分两次，则得级数 $\sum_{n=0}^{\infty} z^{2^n}$. 由第(2)题知 $|z|=1$ 是此级数的自然边界. 因此 $|z|=1$ 也是 $f(z) = \sum_{n=0}^{\infty} \dfrac{z^{2^n+2}}{(2^n+1)(2^n+2)}$ 的自然边界. 否则 $|z|=1$ 上有一段小弧，其上所有的点都是 $f(z)$ 的正则点，逐项微分两次后，则此小弧上的点亦是 $\sum_{n=0}^{\infty} z^{2^n}$ 的和函数的正则点，矛盾.

❾⓪ 设 $f(z)$ 在带形域 $-\dfrac{\pi}{2} < x < \dfrac{\pi}{2}$ 内解析，且在它的边界上连续并取实数值. 如果 $f(z)$ 在区间 $\left(-\dfrac{\pi}{2}, \dfrac{\pi}{2}\right)$ 内也取实数值，又满足条件 $\overline{f(z)} = f(\bar z)$. 试证明此函数可解析开拓至全平面且满足

$$f(z) = f(\pi - z) \quad \left(z \in \left[-\dfrac{\pi}{2}, \dfrac{\pi}{2}\right]\right)$$

$$f(2\pi + z) = f(\pi - z) \quad \left(x \in \left[\dfrac{\pi}{2}, \dfrac{3}{2}\pi\right]\right)$$

证 令 G_1 为矩形域

$$-\dfrac{\pi}{2} < x < \dfrac{\pi}{2}, \quad -M < y < M$$

令 G_2 为矩形域

$$\dfrac{\pi}{2} < x < \dfrac{3}{2}\pi, \quad -M < y < M$$

其中 M 为任意充分大的正数.

显然 G_1 与 G_2 关于直线 $x = \dfrac{\pi}{2}$ 对称，依对称原理，$f(z)$ 可以解析开拓至 G_2 内，且对 G_2 内任意一点 z，若 z^* 是 z 的关于 $x = \dfrac{\pi}{2}$ 的对称点 $(z^* \in G_1)$，则 $f(z) = \overline{f(z^*)}$（当 $z = x$ 时，$f(x) = f(x^*)$ 为实数）. 于是

$$f(\bar{z}) = \overline{f(z^*)}$$

但依题设

$$\overline{f(z^*)} = f(\bar{z^*})$$

所以

$$f(\bar{z}) = f(z^*) = \overline{f(\bar{z^*})} = f(\bar{z})$$

由于 M 是任意的，所以 $f(z)$ 可以解析开拓至 $\frac{\pi}{2} < x < \frac{3}{2}\pi$，记开拓后的函数为 $f^*(z)$，则

$$F(z) = \begin{cases} f(z) & (-\frac{\pi}{2} < \text{Re } z < \frac{\pi}{2}) \\ f^*(z) & (\frac{\pi}{2} < \text{Re } z < \frac{3}{2}\pi) \\ f(z) = f^*(z) & (\text{Re } z = \frac{\pi}{2}) \end{cases}$$

是带形域 $-\frac{\pi}{2} < x < \frac{3}{2}\pi$ 内的解析函数，且在它的边界上连续并取实数值. 在区间 $\left(-\frac{\pi}{2}, \frac{3}{2}\pi\right)$ 也取实数值，又满足条件 $\overline{F(z)} = F(\bar{z})$.

同上又可开拓至带形域 $\frac{3}{2}\pi < x < \frac{7}{2}\pi$，如此继续，可解析开拓至整个平面.

下面证明：当 $z \in \left[-\frac{\pi}{2}, \frac{\pi}{2}\right]$ 时，$f(z) = f(n, z)$.

由于第一次开拓后，$x = \frac{\pi}{2}$ 是对称轴，作平移

$$\begin{cases} x = x' + \frac{\pi}{2} \\ y = y' \end{cases}$$

则 $y = f(x)$ 成为

$$y' = f(x' + \frac{\pi}{2})$$

这时应有

$$f\left(-x' + \frac{\pi}{2}\right) = f\left(x' + \frac{\pi}{2}\right)$$

即

$$f\left[-\left(x - \frac{\pi}{2}\right) + \frac{\pi}{2}\right] = f\left[\left(x - \frac{\pi}{2}\right) + \frac{\pi}{2}\right]$$

即
$$f(\pi - x) = f(x)$$

同理由于第二次开拓后，$x = \frac{3}{2}\pi$ 是对称轴，故可得
$$f(2\pi + x) = f(\pi - x) \quad (x \in \left[\frac{\pi}{2}, \frac{3}{2}\pi\right])$$

❾¹ 若圆元素 $f(z,a): f(z) = \sum_{n=0}^{\infty} c_n(z-a)^n$，$|z-a| < R$，其中 a 与 $c_n (n = 0,1,2,\cdots)$ 皆为实数，连续曲线 c（在实轴一侧）以 a 为起点，b 为终点，c 关于实轴的对称曲线为 $\bar{c}$，$f(z,a)$ 可以沿曲线 c 开拓，$f(z,b)$ 是它沿 c 的解析开拓。

试证明：$f(z,a)$ 也可以沿 $\bar{c}$ 开拓，且
$$f(z,\bar{b}) = \overline{f(\bar{z},b)}$$
其中 $f(z,\bar{b})$ 是 $f(z,a)$ 沿 $\bar{c}$ 的解析开拓。

证法 1 （用对称原理）

因 $f(z,a)$ 可以沿 c 开拓，设 c 的方程为
$$z = z(t) \quad (0 \leqslant t \leqslant 1)$$
于是，若令
$$0 = t_0 < t_1 < t_2 < \cdots < t_n = 1$$
$$a = c_0 = z(0), a_1 = z(t_1), \cdots, a_n = z(1) = b$$
$f(z)$ 在点 a 解析。

$f(z,a), f(z,a_1), \cdots, f(z,a_{n-1}), f(z,b)$ 这 $n+1$ 个圆元素，后一个是前一个的直接解析开拓，$f(z,b)$ 是 $f(z,a)$ 沿 c 的解析开拓。令

$$F(z) = \begin{cases} f(z,a) & (z \in |z-a| < R) & (G_0) \\ f(z,a_1) & (z \in |z-a_1| < R_1) & (G_1) \\ \vdots & & \\ f(z,b) & (z \in |z-b| < R_n) & (G_n) \\ f(z,a) = f(z,a_1) & (z \in G_0 \cap G_1) & \\ \vdots & & \\ f(z,a_{n-1}) = f(z,b) & (z \in G_{n-1} \cap G_n) & \end{cases}$$

则 $F(z)$ 是 $G = \bigcup_{k=0}^{n} G_k$ 内的解析函数。

又因 a 与 $c_n (n = 0,1,2,\cdots)$ 全是实数，所以在 x 轴含于收敛圆

$|z-a|<R$ 内的直径 h 上,$f(x)$ 为实数.$f(z)$ 在 h 上解析,当然在 h 上连续,G 包含 G_n 在 x 轴一侧的部分记为 D,不妨设 D 在 x 轴上方,D 关于 x 轴对称的区域记为 D'(在 x 轴下方).$c \subset D \cup h$.由对称原理知,$F(z)$ 可以从 D 通过 h 开拓到 D' 上,$g(z) = \overline{F(z)}$ 是它的解析开拓

$$g(z) = \overline{F(z)} \begin{cases} f(z,a) & (z \in |z-a|<R, \operatorname{Im} z < 0) & (G'_0) \\ f(z,\overline{a}_1) & (z \in |z-\overline{a}_1|<R_1) & (G'_1) \\ f(z,\overline{a}_2) & (z \in |z-\overline{a}_2|<R_2) & (G'_2) \\ \vdots & & \\ f(z,\overline{b}) & (z \in |z-\overline{b}|<R_n) & (G'_n) \\ f(z,a) = f(z,\overline{a}_1) & (z \in G'_0 \cap G'_1) & \\ f(z,\overline{a}_1) = f(z,\overline{a}_2) & (z \in G'_1 \cap G'_2) & \\ \vdots & & \\ f(z,\overline{a}_{n-1}) = f(z,\overline{b}) & (z \in G'_{n-1} \cap G'_n) & \end{cases}$$

即 $f(z,a)$ 可以沿曲线 $\overline{c}(\overline{c} \subset D' \cup h)$ 开拓,$f(z,\overline{b})$ 是它沿 $\overline{c}$ 的解析开拓,且有

$$f(z,b) = f(z,b)$$

证法 2 把 $\overline{c}$ 上任一点 $\overline{z(t)}$ 的圆元素记为 $g(z,\overline{z(t)})(0 \leqslant t \leqslant 1)$.定义 $g(z,\overline{z(t)}) = \overline{f(\overline{z},z(t))}$,则 $g(z) = \overline{f(\overline{z})}$ 是 $g(z,\overline{z(t)})$ 的收敛圆内的解析函数.事实上,设 z 与 $z + \Delta z$ 是收敛圆内任意两点,于是

$$\frac{g(z+\Delta z) - g(z)}{\Delta z} = \frac{\overline{f(\overline{z+\Delta z})} - \overline{f(\overline{z})}}{\Delta z} = \overline{\left(\frac{f(\overline{z}+\overline{\Delta z}) - f(\overline{z})}{\overline{\Delta z}}\right)}$$

因 $f(z)$ 在 $f(z,z(t))$ 的收敛圆 $|z-z(t)|<r$ 内解析,这里 $\overline{z} \in |z-z(t)|<r$,所以 $f'(\overline{z})$ 存在,即

$$g'(z) = \lim_{\Delta z \to 0} \overline{\left(\frac{f(\overline{z}+\overline{\Delta z}) - f(\overline{z})}{\overline{\Delta z}}\right)} = \overline{f'(\overline{z})}$$

存在.z 是 $g(z,\overline{z(t)})$ 的收敛圆内任意一点,故 $g(z)$ 在此收敛圆内解析.

下面证明 $g(z,\overline{z(t)})$ 可以沿 $\overline{c}$ 开拓,这里

$$\overline{c}: z = \overline{z(t)} \quad (0 \leqslant t \leqslant 1)$$

因为 $f(z,a)$ 可以沿 c 开拓,所以对任意两个相邻的圆元素 $f(z,a_k)$,$f(z,a_{k+1})(k=0,1,2,\cdots,n-1)$,其中 $0 \leqslant t_k < t_{k+1} \leqslant 1$,$a_k = z(t_k)$,$a_{k+1} = z(t_{k+1})$,$f(z,a_{k+1})$ 是 $f(z,a_k)$ 的直接解析开拓,故在它们的收敛圆 G_{k+1} 与 G_k 的公共部分 $G_k \cap G_{k+1}$ 内,有 $f(z,a_k) \equiv f(z,a_{k+1})$.而 $g(z,\overline{a}_{k+1})$ 与 $g(z,\overline{a}_k)$ 和

$f(z,a_{k+1})$ 与 $f(z,a_k)$ 的收敛半径相同. 由定义
$$g(z,\bar{a}_{k+1})=\overline{f(z,a_{k+1})}, g(z,\bar{a}_k)=\overline{f(z,a_k)}$$
在它们的收敛圆 G'_{k+1} 与 G'_k 的公共部分上,有
$$g(z,\bar{a}_k)=\overline{f(z,a_k)}=\overline{f(\bar{z},a_{k+1})}=g(z,\bar{a}_{k+1})$$
即 $g(z,\bar{a}_{k+1})$ 是 $g(z,\bar{a}_k)$ 的直接开拓,且第一个圆元素 $g(z,\bar{a})=f(z,a)$.

所以 $f(z,a)$ 也可沿 $\bar{c}$ 解析开拓,且有
$$g(z,\bar{b})=\overline{f(\bar{z},b)}$$
其中 $g(z,\bar{b})$ 是 $f(z,a)$ 沿 $\bar{c}$ 的解析开拓.

❾❷ 若一个圆元素 $f(z,a)$ 的收敛圆 $|z-a|<R_a$ 内存在一点 b,以 b 为中心展开所得的圆元素 $f(z,b)$ 叫作 $f(z,a)$ 的直接开拓. 如果 $|b-a|<\dfrac{R_a}{2}$,试证明 $f(z,a)$ 也是 $f(z,b)$ 的直接开拓.

证 设 $f(z,b)$ 的收敛圆为 $|z-b|<R_b$,则依题中定义,只需证明 $a\in |z-b|<R_b$.

事实上,因为
$$R_b\geqslant R_a-|b-a|$$
所以当 $|b-a|<\dfrac{R_a}{2}$ 时,则有
$$R_b>R_a-\frac{R_a}{2}=\frac{R_a}{2}>|b-a|$$
这即是
$$a\in |z-b|<R_b$$

❾❸ 证明:若 $z_n\to 0$ 且 $z_n\neq 0$,f 定义于原点的一个去心邻域,有 $f(z_n)=0$. 则 f 在 $z=0$ 有一个不可去奇异点,除非 f 恒等于 0,以 $\sin\dfrac{1}{z}$ 为例加以说明.

证 若 f 在 $z=0$ 的奇异点是可去的,则(由定义)我们可以定义 $f(0)$,使 f 在原点解析,因此若 $f(z_n)=0$,则由唯一性定理,这就蕴涵 f 恒等于 0(因 z_n 有无穷个相异值),$\sin\dfrac{1}{z}=f(z)$. 因设 $z_n=\dfrac{1}{n\pi}$,则 $z_n\to 0$,但 $f(z_n)=0$,故 $f(z)$ 在 $z=0$ 的奇异性不可去.

进一步可以指出,这样的函数 f 的奇异性是本质的. 若 f 在 $z=0$ 有一极

点,则 $f(z) \to \infty$,当 $z \to 0$,与所设不合.

94 若幂级数 $f(z) = \sum_{n=0}^{\infty} c_n z^n$ 收敛圆为 $|z| < 1, c_n \geqslant 0 (n = 0, 1, 2, \cdots)$,则 $z = 1$ 是 $f(z)$ 的奇异点.

证法 1 用反证法,倘若 $z = 1$ 不是 $f(z)$ 的奇异点,任取一点 x,由 2·3 奇异点的判别法知

$$\Delta = R - |z - z_0| = 1 - x < \frac{1}{\varlimsup\limits_{n \to \infty} \sqrt[n]{\left|\frac{f^{(n)}(x)}{n!}\right|}} \tag{1}$$

在 $|z| = 1$ 上任取一点 ζ,设 z_1 是半径 $o\zeta$ 与圆周 $|z| = x$ 的交点,即 $|z_1| = x$,于是点 z_1 到 $|z| = 1$ 的距离也等于 $1 - x$,另一方面

$$\left|\frac{f^{(n)}(z_1)}{n!}\right| = \left|c_n + \frac{n+1}{1} c_{n+1} z_1 + \frac{(n+1)(n+2)}{2!} c_{n+2} z_1^2 + \cdots \right| \leqslant$$
$$c_n + \frac{n+1}{1} c_{n+1} x + \frac{(n+1)(n+2)}{2!} c_{n+2} x^2 + \cdots =$$
$$\frac{f^{(n)}(x)}{n!}$$

因此

$$\frac{1}{\varlimsup\limits_{n \to \infty} \sqrt[n]{\left|\frac{f^{(n)}(z_1)}{n!}\right|}} \geqslant \frac{1}{\varlimsup\limits_{n \to \infty} \sqrt[n]{\left|\frac{f^{(n)}(x)}{n!}\right|}} \tag{2}$$

由不等式(1),(2)知,对于点 z_1,有

$$\Delta < \frac{1}{\varlimsup\limits_{n \to \infty} \sqrt[n]{\left|\frac{f^{(n)}(z_1)}{n!}\right|}}$$

于是点 ζ 是 $f(z)$ 的正则点(2·3),而 ζ 是 $|z| = 1$ 上任意的一点,故 $|z| = 1$ 上所有的点都是 $f(z)$ 的正则点,这与 $|z| < 1$ 是收敛圆矛盾(因收敛圆周上至少有一个奇点).

证法 2 因为在 $|z| = 1$ 上,$f(z)$ 至少有一个奇点,设为 $z = e^{i\varphi}$,于是 $f(z)$ 在点 $z = re^{i\varphi} (0 < r < 1)$ 的展式为

$$f(z) = \sum_{k=0}^{\infty} \frac{f^{(k)}(re^{i\varphi})}{k!} (z - re^{i\varphi})^k$$

其收敛半径为 $1 - r$,由于 $c_n \geqslant 0$,所以

$$|f^{(k)}(re^{i\varphi})| = \left|\sum_{n=k}^{\infty} \frac{n!}{(n-k)!} c_n (re^{i\varphi})^{n-k}\right| \leqslant$$

$$\sum_{n=k}^{\infty} \frac{n!}{(n-k)!} c_n r^{n-k} = f^{(k)}(r)$$

因而 $f(z)$ 在点 $z=r$ 的泰勒展式

$$f(z) = \sum_{k=0}^{\infty} \frac{f^{(k)}(r)}{k!}(z-r)^k$$

的收敛半径也是 $1-r$,即 $z=1$ 是 $f(z)$ 的奇点.

注 从上面方法一的证明可以看出,若考虑 $|z|=1$ 上任何一个异于 1 的点 ζ,则要使 ζ 是奇异点,只要 $a_n \zeta^n \geqslant 0$ 即可.

其实只要从某一个 $n \geqslant N$ 开始,$a_n \zeta^n \geqslant 0$ 即可. 因为若将 $f(z)$ 表示成

$$f(z) = \sum_{k=0}^{N-1} c_k z^k + \sum_{k=N}^{\infty} c_k z^k$$

后,立即看出,当且仅当 ζ 是级数 $\sum_{k=N}^{\infty} c_n z^k$ 的和函数的奇点时,ζ 是 $f(z)$ 的奇异点.

❾❺ 若幂级数 $f(z) = \sum_{n=0}^{\infty} c_n z^n$ 与 $g(z) = \sum_{n=0}^{\infty} (\operatorname{Re} c_n) z^n$ 的收敛半径均是 $R=1$,且 $\operatorname{Re} c_n \geqslant 0$,则 $z=1$ 是 $f(z)$ 的奇点.

证 因 $\operatorname{Re} c_n \geqslant 0$,由上例知 $z=1$ 是 $g(z)$ 的奇点,而 $f(z)$ 在点 $z=\frac{1}{2}$ 的泰勒展式

$$\sum_{k=0}^{\infty} \frac{f^{(k)}\left(\frac{1}{2}\right)}{k!}\left(z-\frac{1}{2}\right)^k = \sum_{k=0}^{\infty} \frac{\left(z-\frac{1}{2}\right)^k}{k!} \sum_{n=k}^{\infty} \frac{n!}{(n-k)!} c_n \frac{1}{2^{n-k}}$$

的收敛半径 $r \geqslant \frac{1}{2}$. 若 $r > \frac{1}{2}$,则此级数有收敛点 $z = 1+\delta (\delta > 0)$,将此点代入

$$\operatorname{Re} \sum_{k=0}^{\infty} \frac{f^{(k)}\left(\frac{1}{2}\right)}{k!}\left(\frac{1}{2}+\delta\right)^k = \sum_{k=0}^{\infty}\left(\frac{1}{2}+\delta\right)^k \sum_{n=k}^{\infty} \binom{n}{k}(\operatorname{Re} c_n) \frac{1}{2^{n-k}}$$

是收敛的. 因为上式右端是正项级数,故可改变项的次序,于是

$$\sum_{n=0}^{\infty} \operatorname{Re} c_n \sum_{k=0}^{n} \binom{n}{k} \frac{1}{2^{n-k}}\left(\frac{1}{2}+\delta\right)^k = \sum_{n=0}^{\infty} (\operatorname{Re} c_n)(1+\delta)^n$$

这表示 $g(z)$ 在点 $z=1+\delta (\delta>0)$ 是收敛的,此与 $z=1$ 是 $g(z)$ 的奇点矛盾. 故 $r = \frac{1}{2}$,所以 $z=1$ 是 $f(z)$ 的奇异点.

96 若在幂级数 $f(z)=\sum\limits_{n=0}^{\infty}c_n z^n$ 中，$|\arg c_n|\leqslant \alpha<\dfrac{\pi}{2}(n=0,1,2,\cdots)$，收敛半径 $R=1$，则 $z=1$ 是 $f(z)$ 的奇异点.

证 因
$$|\arg c_n|\leqslant \alpha<\dfrac{\pi}{2}\quad (n=0,1,2,\cdots)$$

所以
$$\operatorname{Re} c_n\geqslant 0,\ |c_n|\cos\alpha\leqslant \operatorname{Re} c_n\leqslant |c_n|$$

而 $\sum\limits_{n=0}^{\infty}c_n z^n$ 的收敛半径 $R=1$，故 $\sum\limits_{n=0}^{\infty}\operatorname{Re}(c_n)z^n$ 的收敛半径也是 1，于是由上题知，$z=1$ 是 $f(z)$ 的奇异点.

97 试证明，级数 $\sum\limits_{k=0}^{\infty}\dfrac{z^{2^k}}{2^{k^2}}$ 的和函数 $f(z)$ 在 $|z|\leqslant 1$ 上连续，在 $|z|<1$ 内解析，但 $|z|=1$ 上所有的点都是 $f(z)$ 的奇点（即 $|z|=1$ 是 $f(z)$ 的自然边界）.

证 当 $n\neq 2^k$ 时，$c_n=0$；当 $n=2^k$ 时，$c_n=\dfrac{1}{2^{k^2}}$，所以
$$\varlimsup_{n\to\infty}\sqrt[n]{|c_n|}=\lim \sqrt[2^k]{\dfrac{1}{2^{k^2}}}=1$$

故收敛半径 $R=1$.

$f(z)$ 在 $|z|<1$ 解析，而级数 $\sum\limits_{n=0}^{\infty}\dfrac{1}{2^{k^2}}$ 收敛，所以级数 $\sum\limits_{k=0}^{\infty}\dfrac{z^{2^k}}{2^{k^2}}$ 在 $|z|\leqslant 1$ 上绝对一致收敛.

因而 $f(z)$ 是 $|z|\leqslant 1$ 上的连续函数.

又由第 95 题知，$z=1$ 是 $f(z)$ 的奇点，对单位圆周 $|z|=1$ 上的每一点 $\zeta=\sqrt[2^n]{1}$（其中 n 是任一自然数），当 $k\geqslant n$ 时
$$\dfrac{\zeta^{2^k}}{2^{k^2}}=\dfrac{(\zeta^{2^n})^{\frac{2^k}{2^n}}}{2^{k^2}}=\dfrac{1}{2^{k^2}}>0$$

由第 95 题最后的注知 $\zeta=\sqrt[2^n]{1}$ 是 $f(z)$ 的奇异点，因此函数 $f(z)$ 的奇异点集在 $|z|=1$ 上到处是稠密的，由此推出在 $|z|=1$ 上没有元素 $(f,G)(G$ 为 $|z|<1)$ 的一个正则点，即 $|z|=1$ 上所有的点 ζ 都是奇异点（即 $|z|=1$ 是

$f(z)$ 的自然边界).

注 此例说明 $f(z)$ 在 G 内解析,在 G 的边界点 ζ 连续,但 ζ 可以是 $f(z)$ 的奇点,即 G 的边界上的点 ζ 是 $f(z)$ 的奇点,但点 ζ 并不一定破坏 $f(z)$ 的连续性.

❾❽ 证明函数 $f(z)=\sqrt[n]{z}$ 是正实函数 $\sqrt[n]{x}\,(x>0)$ 在复数域中的解析开拓,并且证明 $f(z)$ 是一个 n 值函数.

证 (1) 因为 $f(z)=\sqrt[n]{z}=\mathrm{e}^{\frac{1}{n}\ln z}$,在任一点 $z\neq 0$ 上是解析的,而在 $z=0$ 的邻域内是多值的,任取一个不包含原点的单连通域 G(如去掉负实轴($x\leqslant 0$)的整个平面),可知 $\ln z$ 的任一支在 G 内都是单值函数,特别地,取 $\ln 1=0$ 的一支,用 $\ln z$ 表示,于是当 $z+x>0$ 时,$\ln z=\ln x$.

因而就得到 G 内的一个解析函数
$$f_0(z)=\mathrm{e}^{\frac{1}{n}\ln z}$$
且它就是正实函数 $\sqrt[n]{x}\,(x>0)$ 的解析开拓.这是因为
$$f_0(x)=\mathrm{e}^{\frac{1}{n}\ln x}=x^{\frac{1}{n}}=\sqrt[n]{x}$$

(2) 因为
$$\ln z=\ln z+2k\pi\mathrm{i} \quad (k=0,\pm 1,\pm 2,\cdots)$$
所以
$$f(z)=\sqrt[n]{z}=\mathrm{e}^{\frac{1}{n}\ln z}=\mathrm{e}^{\frac{1}{n}\ln z}\cdot \mathrm{e}^{\frac{2k\pi\mathrm{i}}{n}}=\mathrm{e}^{\frac{2k\pi\mathrm{i}}{n}}f_0(z)$$
而 $\mathrm{e}^{\frac{2k\pi\mathrm{i}}{n}}$ 有且只有 n 个不同的值,于是得到 $f(z)=\sqrt[n]{z}$ 的 n 个分支,且它们可由基本的一支 $f_0(z)=\mathrm{e}^{\frac{1}{n}\ln z}$ 乘常因子得到.

在 $f(z)=\mathrm{e}^{\frac{2k\pi\mathrm{i}}{n}}f_0(z)$ 中,令 $k=0,1,\cdots,n-1$,就得到 $f(z)=\sqrt[n]{z}$ 的 n 个分支
$$f_k(z)=\mathrm{e}^{\frac{2k\pi\mathrm{i}}{n}}f_0(z)=\mathrm{e}^{\frac{2k\pi\mathrm{i}}{n}}\mathrm{e}^{\frac{1}{n}\ln z} \quad (k=0,1,2,\cdots,n-1)$$

由此得到,$f(z)$ 是实函数 $\sqrt[n]{x}\,(x>0)$ 在复数域中的解析开拓,并且是一个 n 值函数.

❾❾ 试判定下列函数,哪些是单值函数,哪些是多值函数:

(1) $\sqrt{1-\sin^2 z}$;(2) $\sqrt{\cos z}$;(3) $\dfrac{\sin\sqrt{z}}{\sqrt{z}}$;(4) a^z;(5) $\sqrt{\mathrm{e}^z}$;

(6) $\ln\sin z$.

解 (1) 因为 $\sqrt{1-\sin^2 z} = \sqrt{\cos^2 z} = \pm\cos z$，即 $w=\cos z$ 与 $w=-\cos z$，这是两个单值函数，因为其中一个不能借助于解析开拓而得到另一个.

(2) $\sqrt{\cos z} = \sqrt{\zeta}$，$\zeta = 0$ 为支点.

即 $\sqrt{\cos z}$ 为双值函数，$z = (2k+1)\dfrac{\pi}{2}(k = 0, \pm 1, \pm 2, \cdots)$ 是支点.

(3) $\dfrac{\sin\sqrt{z}}{\sqrt{z}} = \dfrac{1}{\sqrt{z}}\sum\limits_{n=0}^{\infty}(-1)^n\dfrac{(\sqrt{z})^{2n+1}}{(2n+1)!} = \sum\limits_{n=0}^{\infty}(-1)^n\dfrac{z^n}{(2n+1)!}$，这显然是单值函数.

(4) $a^z = e^{z\ln a} = e^{z(\ln a + 2k\pi i)}$ ($\ln a$ 表主值)，这是无穷多个单值函数，因为其中任一个都不能借助解析开拓的方法而得到另一个.

(5) $\sqrt{e^z} = \sqrt{\zeta}$，$\zeta = 0$ 为支点，但 $e^z \neq 0$.

所以这里 $\sqrt{\zeta}$ 没有支点，只是分离的两支，当然不能由一支开拓为另一支，故 $\sqrt{e^z}$ 为两个单值函数

$$w = e^{\frac{z}{2}} \text{ 与 } w = -e^{\frac{z}{2}}$$

(6) $\ln\sin z = \ln\zeta$，$\zeta = 0$ 为支点.

即 $z = k\pi(k = 0, \pm 1, \pm 2, \cdots)$ 为支点，所以 $w = \ln\sin z$ 为无穷多值函数.

100 试将函数 $f(z) = z + \sqrt{z^2 - 1}$ 在 $z = 0$ 与 $z = \infty$ 展开.

解 (1) 在 $z = 0$，$f(z)$ 是双值函数，但 $z = 0$ 不是支点，故

$$f(z) = z + \sqrt{z^2-1} = z \pm i(1-z^2)^{\frac{1}{2}} =$$

$$z \pm i\sum_{n=0}^{\infty}(-1)^n\dfrac{\frac{1}{2}\left(\frac{1}{2}-1\right)\cdots\left(\frac{1}{2}-n+1\right)}{n!}z^{2n}$$

即 $f(z)$ 有如下两个单值支(均是 $|z|<1$)

$$f_1(z) = i + z + \sum_{n=1}^{\infty}i(-1)^n\dfrac{\frac{1}{2}\left(\frac{1}{2}-1\right)\cdots\left(\frac{1}{2}-n+1\right)}{n!}z^{2n}$$

$$f_2(z) = -i + z + \sum_{n=1}^{\infty}i(-1)^{n+1}\dfrac{\frac{1}{2}\left(\frac{1}{2}-1\right)\cdots\left(\frac{1}{2}-n+1\right)}{n!}z^{2n}$$

(2) 在 $z = \infty$，$z = \infty$ 亦不是支点.

令 $z = \dfrac{1}{\zeta}$，当 $z = \infty$ 时，$\zeta = 0$，有

$$f(z) = f\left(\frac{1}{\zeta}\right) = \frac{1}{\zeta} + \sqrt{\frac{1}{\zeta^2} - 1} = \frac{1}{\zeta} \pm \frac{1}{\zeta}(1-\zeta^2)^{\frac{1}{2}} =$$

$$\frac{1}{\zeta} \pm \frac{1}{\zeta} \sum_{n=0}^{\infty} (-1)^n \frac{\frac{1}{2}\left(\frac{1}{2}-1\right)\cdots\left(\frac{1}{2}-n+1\right)}{n!} \zeta^{2n} =$$

$$z + z \sum_{n=0}^{\infty} (-1)^n \frac{\frac{1}{2}\left(\frac{1}{2}-1\right)\cdots\left(\frac{1}{2}-n+1\right)}{n!} \frac{1}{z^{2n}} \quad (|z|>1)$$

故在 $|z|>1$ 时，$f(z)$ 也有两个单值支

$$f_1(z) = 2z + \sum_{n=1}^{\infty} (-1)^n \frac{\frac{1}{2}\left(\frac{1}{2}-1\right)\cdots\left(\frac{1}{2}-n+1\right)}{n!} \frac{1}{z^{2n-1}}$$

$$f_2(z) = \sum_{n=1}^{\infty} (-1)^{n+1} \frac{\frac{1}{2}\left(\frac{1}{2}-1\right)\cdots\left(\frac{1}{2}-n+1\right)}{n!} \frac{1}{z^{2n-1}}$$

❿❶ 若在 $|z-z_0|<r$ 内调和的函数 $u(z)$ 于闭圆 $|z-z_0| \leqslant r$ 上连续，则

$$u(z_0) = \frac{1}{2\pi} \int_0^{2\pi} u(z_0 + re^{i\theta}) d\theta$$

亦即 $u(z)$ 在圆心的值等于它在圆周上的值的算术平均值（此处用 $u(z)$ 表示 $u(x,y)$）.

证 因为 $u(z)$ 于 $|z-z_0|<r$ 内调和，所以必有 $u(z)$ 的共轭调和函数 $v(z)$，使得 $f(z) = u(z) + iv(z)$ 在 $|z-z_0|<r$ 内解析，在 $|z-z_0| \leqslant r$ 连续. 由解析函数的均值公式有

$$f(z_0) = \frac{1}{2\pi} \int_0^{2\pi} f(z_0 + re^{i\theta}) d\theta$$

❿❷ 若 $u(z)$ 是区域 D 内的调和函数且不恒等于常数，则 $u(z)$ 在 D 的内点不能达到最大值也不能达到最小值.

证 因为调和函数 $u(z)$ 的最小值点就是函数 $-u(z)$ 的最大值点，又当 $u(z)$ 调和时，$-u(z)$ 也是调和的，因此只要对最大值的情形讨论就够了.

设 $u(z)$ 在区域 D 的某一内点 z_0 达到最大值，以下只就 D 是单连通域的情形讨论（多连通的情形可化为单连通域的情形来讨论）. 在 D 内作 $u(z)$ 的共轭调和函数 $v(z)$. 则 $f(z) = u(z) + iv(z)$ 于 D 解析. 因 $u(z)$ 不恒等于常数，故

$f(z)$ 不恒等于常数. 作函数 $F(z)=\mathrm{e}^{f(z)}$, 它于 D 内单值解析且不恒等于常数. 因已设 $u(z)$ 在 D 的内点 z_0 达到最大值, 而 $F(z)=\mathrm{e}^{f(z)}$ 的模

$$|\mathrm{e}^{f(z)}|=\mathrm{e}^{u(z)}$$

故 $F(z)$ 在点 z_0 达到最大模. 不恒等于常数的解析函数 $F(z)$ 在区域的内点达到最大模, 这与解析函数的最大模原理相违. 因此调和函数不恒等于常数时, 不可能在区域的内点达到最大值. 证毕.

❿❸ 若 $u(z)$ 在 $|z|<R$ 内调和, 在 $|z|\leqslant R$ 上连续, 则对 $|z|<R$ 内任一点 $z=r\mathrm{e}^{\mathrm{i}\varphi}$, 有

$$u(r,\varphi)=\frac{1}{2\pi}\int_0^{2\pi} u(R,\theta)\frac{R^2-r^2}{R^2-2Rr\cos(\theta-\varphi)+r^2}\mathrm{d}\theta$$

或

$$u(z)=\frac{1}{2\pi}\int_0^{2\pi} u(R\mathrm{e}^{\mathrm{i}\theta})\frac{R^2-r^2}{R^2-2Rr\cos(\theta-\varphi)+r^2}\mathrm{d}\theta$$

证 设 $f(z)$ 是以 $u(z)$ 为实部的解析函数, 它于 $|z|<R$ 解析, 于 $|z|\leqslant R$ 连续. 由柯西积分公式有

$$f(z)=\frac{1}{2\pi\mathrm{i}}\int_{|\zeta|=R}\frac{f(\zeta)}{\zeta-z}\mathrm{d}\zeta=$$
$$\frac{1}{2\pi}\int_0^{2\pi} f(R\mathrm{e}^{\mathrm{i}\theta})\frac{R\mathrm{e}^{\mathrm{i}\theta}}{R\mathrm{e}^{\mathrm{i}\theta}-r\mathrm{e}^{\mathrm{i}\varphi}}\mathrm{d}\theta \tag{1}$$

其中点 $z=r\mathrm{e}^{\mathrm{i}\varphi}, r<R$. 点 z 关于圆周 $|\zeta|=R$ 的对称点是

$$z_*=\frac{R^2}{\bar{z}}=\frac{R^2\mathrm{e}^{\mathrm{i}\varphi}}{r}$$

因为点 z_* 在圆周 $|\zeta|=R$ 的外部, 故由柯西定理有

$$0=\frac{1}{2\pi\mathrm{i}}\int_{|\zeta|=R}\frac{f(S)}{\zeta-z_*}\mathrm{d}\zeta=$$
$$\frac{1}{2\pi}\int_0^{2\pi} f(R\mathrm{e}^{\mathrm{i}\theta})\frac{r\mathrm{e}^{\mathrm{i}\theta}}{r\mathrm{e}^{\mathrm{i}\theta}-R\mathrm{e}^{\mathrm{i}\varphi}}\mathrm{d}\theta \tag{2}$$

由式(1) 减去式(2) 得

$$f(z)=\frac{1}{2\pi}\int_0^{2\pi} f(R\mathrm{e}^{\mathrm{i}\theta})\left[\frac{R\mathrm{e}^{\mathrm{i}\theta}}{R\mathrm{e}^{\mathrm{i}\theta}-r\mathrm{e}^{\mathrm{i}\varphi}}-\frac{r\mathrm{e}^{\mathrm{i}\theta}}{r\mathrm{e}^{\mathrm{i}\theta}-R\mathrm{e}^{\mathrm{i}\varphi}}\right]\mathrm{d}\theta$$

经过简单的计算可知

$$u+\mathrm{i}v=f(z)=\frac{1}{2\pi}\int_0^{2\pi} f(R\mathrm{e}^{\mathrm{i}\theta})\frac{R^2-r^2}{R^2-2Rr\cos(\theta-\varphi)+r^2}\mathrm{d}\theta$$

取上式两端的实部即得

$$u(z)=\frac{1}{2\pi}\int_0^{2\pi}u(Re^{i\theta})\frac{R^2-r^2}{R^2-2Rr\cos(\theta-\varphi)+r^2}\mathrm{d}\theta$$

证毕.

⑩⁴ 给定区域 D，已知边界值取 $u(\zeta)$，则狄里克莱问题的解不多于一个.

证 设 $u_1(z)$ 和 $u_2(z)$ 是同一个狄里克莱问题的两个解，我们证明，在 $\overline{D}=D+C$ 上，有

$$u_1(z)\equiv u_2(z)$$

作函数

$$u(z)=u_1(z)-u_2(z)$$

则 $u(z)$ 在 D 内仍为调和函数，且在 C 上 $u_1(z)$ 和 $u_2(z)$ 取相同的值（即满足相同的边界条件），故在 C 上

$$u(z)\equiv 0$$

由调和函数的极值原理可知，在 $\overline{D}$ 上亦有 $u(z)\equiv 0$，即

$$u_1(z)\equiv u_2(z)$$

证毕.

⑩⁵ 狄里克莱问题的解是稳定的.

证 所谓解是稳定的，意即，若给定两边界条件

$$u(\zeta)\Big|_{\zeta\in C}=\tilde{u}_1(\zeta),\quad u(\zeta)\Big|_{\zeta\in C}=\tilde{u}_2(\zeta)$$

又 $u_1(z)$ 和 $u_2(z)$ 是分别相应于上述两边界条件的解，则当 $\max\limits_{\zeta\in C}|\tilde{u}_1(\zeta)-\tilde{u}_2(\zeta)|$ 充分小时，$\max\limits_{z\in D}|u_1(z)-u_2(z)|$ 可任意小. 即边界条件改变很小时，解的变动也不大.

记

$$u(z)=u_1(z)-u_2(z),\tilde{u}(\zeta)=\tilde{u}_1(\zeta)-\tilde{u}_2(\zeta)$$

则 $u(z)$ 实际上是问题

$$\begin{cases}\dfrac{\partial^2 u}{\partial x^2}+\dfrac{\partial^2 u}{\partial y^2}=0\\ u(\zeta)\Big|_{\zeta\in C}=\tilde{u}(\zeta)\end{cases}$$

的解. 由调和函数的极值原理知

$$\max_{z\in D}|u(z)|=\max_{\zeta\in C}|\tilde{u}(\zeta)|$$

由此即知解是稳定的. 证毕.

106 波阿松积分
$$u(z)=\frac{1}{2\pi}\int_0^{2\pi}\tilde{u}(\mathrm{e}^{\mathrm{i}\theta})\frac{1-r^2}{1-2r\cos(\theta-\varphi)+r^2}\mathrm{d}\theta \quad (1)$$
是单位圆上狄里克莱问题
$$\begin{cases}\dfrac{\partial^2 u}{\partial x^2}+\dfrac{\partial^2 u}{\partial y^2}=0\\ u(\zeta)\Big|_{\zeta=\mathrm{e}^{\mathrm{i}\theta}}=\tilde{u}(\mathrm{e}^{\mathrm{i}\theta})\end{cases}$$
的解. 其中 $z=r\mathrm{e}^{\mathrm{i}\varphi}, 0\leqslant r<1$.

注 由第 104 题知, 若已知 $u(z)$ 是调和函数, 则函数可由它在边界 $|\zeta|=1$ 上的值 $\tilde{u}(\zeta)$ 通过波阿松积分
$$u(z)=\frac{1}{2\pi}\int_0^{2\pi}\tilde{u}(\zeta)\frac{1-r^2}{1-2r\cos(\theta-\varphi)+r^2}\mathrm{d}\theta \quad (z=r\mathrm{e}^{\mathrm{i}\varphi})$$
来表示.

现在, 本题实际上是指明, 若已知在边界 $|\zeta|=1$ 上定义好了的函数 $\tilde{u}(\zeta)$, 则由积分
$$\frac{1}{2\pi}\int_0^{2\pi}\tilde{u}(\zeta)\frac{1-r^2}{1-2r\cos(\theta-\varphi)+r^2}\mathrm{d}\theta=u(z) \quad (z=r\mathrm{e}^{\mathrm{i}\varphi})$$
确定的函数必是调和函数.

证 我们需要证明: (ⅰ) 由式 (1) 确定的函数 $u(z)$ 是调和函数, 即 $u(z)$ 满足拉普拉斯方程; (ⅱ) $u(z)$ 在 $|z|\leqslant 1$ 上连续, 实际要证明等式 $\lim\limits_{z\to\zeta_0}u(z)=\tilde{u}(\zeta_0)$, $|z|<1, \zeta_0=\mathrm{e}^{\mathrm{i}\theta}$.

情形 (ⅰ) 的证明

记 $w=\mathrm{e}^{\mathrm{i}\theta}, z=r\mathrm{e}^{\mathrm{i}\varphi}$, 则波阿松核
$$\frac{1-r^2}{1-2r\cos(\theta-\varphi)+r^2}=\frac{w}{w-z}+\frac{\bar{z}}{\overline{w}-\bar{z}}=$$
$$\frac{1}{2}\left(\frac{w+z}{w-z}+1\right)+\frac{1}{2}\left(\frac{\overline{w}+\bar{z}}{\overline{w}-\bar{z}}+1\right)=$$
$$\frac{1}{2}\left(\frac{w+z}{w-z}+\frac{\overline{w}+\bar{z}}{\overline{w}-\bar{z}}\right)=\mathrm{Re}\,\frac{w+z}{w-z}$$

又有 $\dfrac{\mathrm{d}w}{w}=\mathrm{i}\mathrm{d}\theta$, 故 $u(z)$ 是下述函数

$$f(z) = \frac{1}{2\pi i} \int_{|w|=1} \tilde{u}(w) \frac{w+z}{w-z} \cdot \frac{dw}{w} \quad (|z|<1)$$

的实部. 因此, 若能证明 $f(z)$ 是解析的, 也就证明了 $u(z)$ 是调和的, 然而 $f(z)$ 可写为

$$f(z) = \frac{1}{2\pi i} \int_{|w|=1} \frac{\tilde{u}(w)}{w-z} dw + \frac{z}{2\pi i} \int_{|w|=1} \frac{\frac{\tilde{u}(w)}{w}}{w-z} dw$$

因为 $\tilde{u}(w)$ 和 $\frac{\tilde{u}(w)}{w}$ 都是单位圆周 $|w|=1$ 上的连续函数, 所以上式右端两个积分都是柯西型积分(柯西型积分就是形如

$$f(z) = \frac{1}{2\pi i} \int_C \frac{\varphi(\zeta)}{\zeta-z} d\zeta \quad (z \overline{\in} C)$$

的积分, 其中 $\varphi(\zeta)$ 在 C 上连续. 由它所确定的函数是解析的, 其证明方法与证明柯西积分 $f(z) = \frac{1}{2\pi i} \int_C \frac{f(\zeta)}{\zeta-z} d\zeta$ 所确定的函数解析是一样的). 因此 $f(z)$ 解析, 从而 $u(z)$ 调和.

（ⅱ）的证明

首先注意, 在波阿松积分

$$u(z) = \frac{1}{2\pi} \int_0^{2\pi} u(e^{i\theta}) \frac{1-r^2}{1-2r\cos(\theta-\varphi)+r^2} d\theta$$

中, 令 $u(z) \equiv 1$, 则得

$$\frac{1}{2\pi} \int_0^{2\pi} \frac{1-r^2}{1-2r\cos(\theta-\varphi)+r^2} d\theta = 1$$

因此, $\tilde{u}(\zeta_0)$ 可写为

$$\frac{1}{2\pi} \int_0^{2\pi} \tilde{u}(\zeta_0) \frac{1-r^2}{1-2r\cos(\theta-\varphi)+r^2} d\theta$$

从而

$$u(z) - \tilde{u}(\zeta_0) = \frac{1}{2\pi} \int_0^{2\pi} [\tilde{u}(\zeta) - \tilde{u}(\zeta_0)] \frac{1-r^2}{1-2r\cos(\theta-\varphi)+r^2} d\theta$$

其中 $z = re^{i\varphi}, \zeta = e^{i\theta}, \zeta_0 = e^{i\theta_0}$.

我们的目的是证明差式 $u(z) - \tilde{u}(\zeta_0)$ 的绝对值可任意小, 当 $z \to \zeta_0$ 时, 现讨论如下

$$|u(z) - \tilde{u}(\zeta_0)| = \left| \frac{1-r^2}{2\pi} \int_0^{2\pi} \frac{\tilde{u}(\zeta) - \tilde{u}(\zeta_0)}{1-2r\cos(\theta-\varphi)+r^2} d\theta \right|$$

$$\frac{1-r^2}{2\pi} \int_0^{2\pi} \frac{\tilde{u}(\zeta) - \tilde{u}(\zeta_0)}{1-2r\cos(\theta-\varphi)+r^2} d\theta =$$

$$\frac{1-r^2}{2\pi}\int_{\theta_0-2\delta}^{2\pi+\theta_0-2\delta}\frac{\tilde{u}(\zeta)-\tilde{u}(\zeta_0)}{1-2r\cos(\theta-\varphi)+r^2}\mathrm{d}\theta=$$

$$\frac{1-r^2}{2\pi}\int_{\theta_0-2\delta}^{\theta_0+2\delta}\frac{\tilde{u}(\zeta)-\tilde{u}(\zeta_0)}{1-2r\cos(\theta-\varphi)+r^2}\mathrm{d}\theta+$$

$$\frac{1-r^2}{2\pi}\int_{\theta_0+2\delta}^{2\pi+\theta_0-2\delta}\frac{\tilde{u}(\zeta)-\tilde{u}(\zeta_0)}{1-2r\cos(\theta-\varphi)+r^2}\mathrm{d}\theta$$

下面分别讨论上式右端两个积分

$$\left|\frac{1-r^2}{2\pi}\int_{\theta_0-2\delta}^{\theta_0+2\delta}\frac{\tilde{u}(\zeta)-\tilde{u}(\zeta_0)}{1-2r\cos(\theta-\varphi)+r^2}\mathrm{d}\theta\right|\leqslant$$

$$\frac{1-r^2}{2\pi}\int_{\theta_0-2\delta}^{\theta_0+2\delta}\frac{|\tilde{u}(\zeta)-\tilde{u}(\zeta_0)|}{1-2r\cos(\theta-\varphi)+r^2}\mathrm{d}\theta$$

由于 $\tilde{u}(\zeta)$ 在 $C:|\zeta|=1$ 上连续,故对任给的 $\varepsilon>0$,我们可取上面的 $\delta>0$ 足够小,使得 $|\theta-\theta_0|<2\delta$ 时, $|\tilde{u}(\zeta)-\tilde{u}(\zeta_0)|<\varepsilon$. 此时便可保证

$$\left|\frac{1-r^2}{2\pi}\int_{\theta_0-2\delta}^{\theta_0+2\delta}\frac{\tilde{u}(\zeta)-\tilde{u}(\zeta_0)}{1-2r\cos(\theta-\varphi)+r^2}\mathrm{d}\theta\right|\leqslant$$

$$\frac{\varepsilon}{2\pi}\int_{\theta_0-2\delta}^{\theta_0+2\delta}\frac{1-r^2}{1-2r\cos(\theta-\varphi)+r^2}\mathrm{d}\theta\leqslant$$

$$\frac{\varepsilon}{2\pi}\int_0^{2\pi}\frac{1-r^2}{1-2r\cos(\theta-\varphi)+r^2}\mathrm{d}\theta=\varepsilon \tag{2}$$

现考察积分 $\frac{1-r^2}{2\pi}\int_{\theta_0+2\delta}^{2\pi+\theta_0-2\delta}\frac{\tilde{u}(\zeta)-\tilde{u}(\zeta_0)}{1-2r\cos(\theta-\varphi)+r^2}\mathrm{d}\theta$. 在区间 $[\theta_0+2\delta,2\pi+\theta_0-2\delta]$ 上, $|\theta-\theta_0|\geqslant 2\delta$. 因 $z\to\zeta_0$,故 $r\to 1,\varphi\to\theta_0$. 于是可限制 φ,使 $|\varphi-\theta_0|<\delta$,以下固定 δ.

由不等式 $|\theta-\theta_0|\geqslant 2\delta,|\varphi-\theta_0|<\delta$ 推得 $|\varphi-\theta|>\delta$. 从而推得
$$\cos(\theta-\varphi)\leqslant\cos\delta$$

于是有
$$1-2r\cos(\theta-\varphi)+r^2\geqslant 1-2r\cos\delta+r^2=$$
$$1-2r+r^2+4r\sin^2\frac{\delta}{2}>4r\sin^2\frac{\delta}{2}$$

这样一来,就有

$$\left|\frac{1-r^2}{2\pi}\int_{\theta_0+2\delta}^{2\pi+\theta_0-2\delta}\frac{\tilde{u}(\zeta)-\tilde{u}(\zeta_0)}{1-2r\cos(\theta-\varphi)+r^2}\mathrm{d}\theta\right|\leqslant$$

$$\frac{1-r^2}{2\pi}\cdot 2\pi\cdot\frac{2M}{4r\sin^2\frac{\delta}{2}}=\frac{M}{2\sin^2\frac{\delta}{2}}\cdot\frac{1-r^2}{r}$$

由于 $1 \to r$,故可使 $1-r$ 足够小,这样就可保证

$$\left| \frac{1-r^2}{2\pi} \int_{\theta_0+2\delta}^{2\pi+\theta_0-2\delta} \frac{\tilde{u}(\zeta)-\tilde{u}(\zeta_0)}{1-2r\cos(\theta-\varphi)+r^2} d\theta \right| < \varepsilon \tag{3}$$

上述 $M = \max\limits_{|\zeta|=1} |\tilde{u}(\zeta)|$.

联合(2),(3)两式便证明了情形(ⅱ).定理证毕.

107 给定

$$\tilde{u}(t) = \begin{cases} 1 & (当\ t \in (\alpha,\beta)) \\ 0 & (当\ t \overline{\in} (\alpha,\beta)) \end{cases}$$

求问题($y>0$)

$$\begin{cases} \dfrac{\partial^2 u}{\partial x^2} + \dfrac{\partial^2 u}{\partial y^2} \\ u(z)\big|_{\mathrm{Re}\,z=0}\ \tilde{u}(t) \end{cases}$$

的解.

解 因为

$$u(z) = \frac{1}{\pi}\int_\alpha^\beta \frac{y\,dt}{(t-x)^2+y^2} = \frac{1}{\pi}\left(\arctan\frac{\beta-x}{y} - \arctan\frac{\alpha-x}{y}\right)$$

其中 $z = x+\mathrm{i}y, y>0$.

记向量 $z-\alpha$ 和 $z-\beta$ 与实轴的夹角分别为 φ_α 和 φ_β,则我们所求的解可写为

$$u(z) = \frac{\varphi_\beta - \varphi_\alpha}{\pi}$$

即函数 $u(z)$ 等于由点 z 对点 $z=\alpha$ 和 $z=\beta$ 的张角被 π 除,见图 16,图中 $w = \varphi_\beta - \varphi_\alpha$.

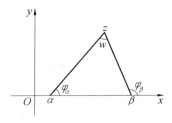

图 16

❿⓼ 已知 $\begin{cases} \sigma(z+2\omega) = -e^{2\eta(z+\omega)}\sigma(z) \\ \sigma(z+2\omega') = -e^{2\eta'(z+\omega')}\sigma(z) \end{cases}$ 试应用勒让德(Legendre)关系以证

$$\sigma(z+2\omega+2\omega') = -e^{(2\eta+2\eta')(z+\omega+\omega')}\sigma(z)$$

证 在 $\sigma(z+2\omega) = -e^{2\eta(z+\omega)}\sigma(z)$ 中,以 $z+2\omega'$ 代替 z 得

$$\sigma(z+2\omega+2\omega') = -e^{2\eta(z+2\omega'+\omega)}\sigma(z+2\omega')$$

因

$$\sigma(z+2\omega') = -e^{2\eta'(z+\omega')}\sigma(z)$$

故

$$\sigma(z+2\omega+2\omega') = e^{2\eta z+4\eta\omega'+2\eta\omega}e^{2\eta'(z+\omega')}\sigma(z) =$$
$$e^{2\eta z+2\eta\omega'+2\eta\omega'+2\eta\omega+2\eta' z+2\eta'\omega'}\sigma(z)$$

由勒让德关系

$$\eta\omega' - \eta'\omega = \frac{\pi i}{2}$$

即

$$2\eta\omega' = \pi i + 2\eta'\omega$$

故

$$\sigma(z+2\omega+2\omega') = e^{2\eta z+2\eta\omega'+\pi i+2\eta'\omega+2\eta\omega+2\eta' z+2\eta'\omega'}\sigma(z) =$$
$$e^{\pi i}e^{2\eta(z+\omega+\omega')+2\eta'(z+\omega+\omega')}\sigma(z) =$$
$$-e^{(2\eta+2\eta')(z+\omega+\omega')}\sigma(z)$$

❿⓽ 由关系 $\alpha_1+\alpha_2+\cdots+\alpha_s = \beta_1+\beta_2+\cdots+\beta_{s-1}+\beta'_s$. 证明函数

$$F(z) = \frac{\sigma(z-\alpha_1)\sigma(z-\alpha_2)\cdots\sigma(z-\alpha_s)}{\sigma(z-\beta_1)\sigma(z-\beta_2)\cdots\sigma(z-\beta'_s)}$$

是以 2ω 及 $2\omega'$ 为基本周期之椭圆函数.

证

$$F(z+2\omega) = \frac{\sigma(z+2\omega-\alpha_1)\sigma(z+2\omega-\alpha_2)\cdots\sigma(z+2\omega-\alpha_s)}{\sigma(z+2\omega-\beta_1)\sigma(z+2\omega-\beta_2)\cdots\sigma(z+2\omega-\beta'_s)}$$

因知

$$\sigma(z+2\omega) = -e^{2\eta(z+\omega)}\sigma(z)$$

所以

$$\sigma(z+2\omega-\alpha_i) = -e^{2\eta(z+\omega-\alpha_i)}\sigma(z-\alpha_i) \quad (i=1,2,\cdots,s)$$

$$\sigma(z+2\omega-\beta_i) = -e^{2\eta(z+\omega-\beta_i)}\sigma(z-\beta_i) \quad (i=1,2,\cdots,s-1)$$
$$\sigma(z+2\omega-\beta'_s) = -e^{2\eta(z+\omega-\beta'_s)}\sigma(z-\beta'_s)$$

代入上式

$$F(z+2\omega) = \frac{(-1)^s e^{2\eta(z+\omega-\alpha_1)}\sigma(z-\alpha_1)\cdots e^{2\eta(z+\omega-\alpha_s)}\sigma(z-\alpha_s)}{(-1)^s e^{2\eta(z+\omega-\beta_1)}\sigma(z-\beta_1)\cdots e^{2\eta(z+\omega-\beta'_s)}\sigma(z-\beta'_s)} =$$

$$\frac{e^{-2\eta(\alpha_1+\alpha_2+\cdots+\alpha_s)}\sigma(z-\alpha_1)\cdots\sigma(z-\alpha_s)}{e^{-2\eta(\beta_1+\beta_2+\cdots+\beta_{s-1}+\beta'_s)}\sigma(z-\beta_1)\cdots\sigma(z-\beta'_s)} =$$

$$e^{-2\eta(\alpha_1+\alpha_2+\cdots+\alpha_s-\beta_1-\cdots-\beta'_s)}\frac{\sigma(z-\alpha_1)\cdots\sigma(z-\alpha_s)}{\sigma(z-\beta_1)\cdots\sigma(z-\beta'_s)} =$$

$$e^{2\eta A}F(z)$$

其中 $-A = \alpha_1 + \alpha_2 + \cdots + \alpha_s - \beta_1 - \beta_2 - \cdots - \beta'_s = 0$,所以 $A=0$. 从而 $F(z+2\omega)=F(z)$. 同理可证 $F(z+2\omega') = e^{2\eta'A}F(z)$. 于是有

$$F(z+2\omega') = F(z)$$

⑪ 证明关系

$$\delta'(z) = 6\delta^2(z) - \frac{1}{2}g_2 \quad (g_2 = 20C_1 = 60\sum{'}\frac{1}{w^4})$$

证 因

$$\delta(z) = \frac{1}{z^2} + \sum{'}\left[\frac{1}{(z-w)^2} - \frac{1}{w^2}\right]$$

将之展成关于 z 之幂级数得

$$\delta(z) = \frac{1}{z^2} + C_1 z^2 + C_2 z^4 + \cdots + C_n z^{2n} + \cdots$$

其中

$$C_n = \frac{1}{(2n)!}\left\{\frac{d^{2n}}{dz^{2n}}\sum{'}\left[\frac{1}{(z-w)^2}-\frac{1}{w^2}\right]\right\}_{z=0} = (2n+1)\sum{'}\frac{1}{w^{2n+2}}$$

又

$$\delta'(z) = -\frac{1}{z^3} + 2C_1 z + 4C_2 z^3 + \cdots + 2nC_n z^{2n-1} + \cdots$$

设

$$g_2 = 20C_1 = 60\sum{'}\frac{1}{w^4}$$

$$g_3 = 28C_2 = 140\sum{'}\frac{1}{w^6}$$

则 $\delta(z)$ 与 $\delta'(z)$ 可表为

$$\delta(z) = \frac{1}{z^2}\left[1 + \frac{g_2}{20}z^4 + \frac{g_3}{28}z^6 + (z^8)\right]$$

$$\delta'(z) = -\frac{2}{z^3}\left[1 - \frac{g_2}{20}z^4 - \frac{g_3}{14}z^6 + (z^8)\right]$$

式中 (z^8) 表示由 z^8 及高于 z^8 之项所成之级数. 故

$$4\delta^3(z) = \frac{4}{z^6}\left[1 + \frac{3g_2}{20}z^4 + \frac{3g_3}{28}z^6 + (z^8)\right]$$

$$\delta'^2(z) = \frac{4}{z^6}\left[1 - \frac{g_2}{10}z^4 - \frac{g_3}{7}z^6 + (z^8)\right]$$

相减得

$$4\delta^3(z) - \delta'^2(z) = \frac{g_2}{z^2} + g_3 + (z^2)$$

式中 (z^2) 表由 z^2 及高于 z^2 之项所成之级数.

上式两边减去 $g_2\delta(z)$ 可得

$$4\delta^3(z) - \delta'^2(z) - g_2\delta(z) = g_3 + (z^2)$$

易见上式左边为一椭圆函数, 除 w 点外为正则, 但右边于 $z = 0$ 之点为正则, 故与 0 等价之一切周期点亦为正则, 因此上式两边应等于常数. 而令 $z = 0$, 即可见其常数为 g_3, 故得下列恒等式

$$\delta'^2(z) = 4\delta^3(z) - g_2\delta(z) - g_3$$

两边微分

$$2\delta''(z)\delta'(z) = 12\delta(z)\delta'(z) - g_2\delta'(z)$$

因 $\delta'(z) \not\equiv 0$, 故可消去而得

$$\delta''(z) = 6\delta(z) - \frac{1}{2}g_2$$

⑪ 试证: $\sigma(z)$ 之幂级数展开式

$$\sigma(z) = z - C_5 z^5 - C_7 z^7 - \cdots$$

在全平面上收敛.

证　因

$$\sigma(z) = z \prod_{m,s}{'}\left(1 - \frac{z^2}{w^2}\right)\mathrm{e}^{\frac{z^2}{w^2}} =$$

$$2\prod{'}\left(1 - \frac{z^2}{w^2}\right)\left(1 + \frac{z^2}{w^2} + \frac{1}{2!}\frac{z^4}{w^4} + \frac{1}{3!}\frac{z^6}{w^6} + \cdots + \frac{1}{n!}\frac{z^{2n}}{w^{2n}} + \cdots\right) =$$

$$2\prod{'}\left[1 - \frac{z^4}{2w^4} - \frac{z^6}{3w^6} - \cdots - \frac{z^{2n}}{w^{2n} \cdot n(n-2)!} - \cdots\right] =$$

$$z - \frac{z^5}{2}\sum' \frac{1}{w^4} - \frac{z^7}{3}\sum' \frac{1}{w^6} - \cdots - \frac{z^{2n+1}}{n(n-2)!}\sum' \frac{1}{w^{2n}} - \cdots$$

$$(w = 2mw + 2sw')$$

$\sum' \dfrac{1}{w^\alpha}$ 于 $\alpha > 2$ 时,绝对收敛.

故欲证 $\sigma(z)$ 在全平面上收敛,只需考虑幂级数展开式中之系数 $\left|\dfrac{1}{n(n-2)!}\right|$.

因

$$\lim_{n\to\infty}\sqrt[n]{\frac{1}{n(n-2)!}} = \lim_{n\to\infty}\frac{\sqrt[n]{n(n-1)}}{\sqrt[n]{n}\sqrt[n]{n!}} = \lim_{n\to\infty}\frac{\sqrt[n]{n-1}}{\sqrt[n]{n!}}$$

由于

$$(n!)^2 > n^n$$

即

$$n! > (\sqrt{n})^n$$

所以

$$\sqrt[n]{n!} > \sqrt{n}$$

从而

$$\lim_{n\to\infty}\frac{\sqrt[n]{n-1}}{\sqrt[n]{n!}} \leqslant \lim_{n\to\infty}\frac{\sqrt[n]{n-1}}{\sqrt{n}} = \lim_{n\to\infty}\sqrt[n]{\frac{n-1}{n^{\frac{n}{2}}}} =$$

$$\lim_{n\to\infty}\sqrt[n]{\frac{1}{n^{\frac{n-2}{2}}} - \frac{1}{n^{\frac{n}{2}}}} = 0$$

所以 $R = +\infty$.

⑫ 证明函数 $\zeta(z) - \dfrac{1}{z}$ 的幂级数展开式

$$\zeta(z) - \frac{1}{z} = -\frac{a_2}{3}z^3 - \frac{a_3}{5}z^5 - \cdots - \frac{a_n}{2n-1}z^{2n-1} - \cdots$$

的收敛半径等于从原点到最近的点 w 的距离.

证明 因

$$\zeta(z) = \frac{1}{z} + \sum'\left(\frac{1}{z-w} + \frac{1}{w} + \frac{z}{w^2}\right)$$

$$w = 2mw + 2sw'$$

展开其成幂级数

$$\zeta(z) = \frac{1}{z} + \sum{}' \left[-\frac{1}{w\left(1-\frac{z}{w}\right)} + \frac{1}{w} + \frac{z}{w^2} \right] =$$

$$\frac{1}{z} - \sum{}' \left[\frac{z^3}{w^4} + \frac{z^5}{w^6} + \cdots + \frac{z^n}{w^{n+1}} + \cdots \right] =$$

$$\frac{1}{z} - z^3 \sum{}' \frac{1}{w^4} - z^5 \sum{}' \frac{1}{w^6} - \cdots - z^n \sum{}' \frac{1}{w^{n+1}} - \cdots$$

$$(|w| > |z|)$$

(因 n 为奇数时 $\sum{}' \frac{1}{w^n} = 0$).

欲求上式的收敛半径 R,只需讨论

$$\sum{}' \frac{1}{|w|^{n+1}} = \sum{}' \frac{1}{|w|^N} \quad (N = n+1 \text{ 为偶数})$$

用 δ 表示由原点至最近一个点 w 之距离,则因

$$l = \lim_{N \to \infty} \sqrt[N]{\sum{}' \frac{1}{|w|^N}} < \lim_{N \to \infty} \sqrt[N]{\sum_{N=1}^{\infty} \frac{8N}{N^N \delta^N}} =$$

$$\frac{1}{\delta} \lim_{N \to \infty} \sqrt[N]{8} \sqrt[N]{\sum_{N=1}^{\infty} \frac{N}{N^N}} = \frac{1}{\delta}$$

所以 $l < \frac{1}{\delta}$.

同理,用 δ' 表示由原点到 p_1(周期平行四边形)中最远一个点 w 之距离,则可得

$$l > \frac{1}{\delta'}$$

于是 $\frac{1}{\delta'} < l < \frac{1}{\delta}$,但 $R \approx \frac{1}{l}$.

所以

$$\delta < R < \delta' \tag{1}$$

但因 $|w| > |z|$,各 w 为 $\zeta(z)$ 的一级极点,故欲使式(1)成立,除非 $\delta = R$.

这就证明了 $\delta = R$.

❶❶❸ 假定 $w' \to \infty$, w 为异于零之有限数,试证明下面的公式:

(1) $$\delta'(z) = \left(\frac{\pi}{2\omega}\right)^2 \frac{1}{\sin^2\left(\frac{2\pi}{2\omega}\right)} - \frac{1}{3}\left(\frac{\pi}{2\omega}\right)^2 =$$

$$\frac{\dfrac{9g_3}{2g_2}}{\sin^2\left(\sqrt{\dfrac{9g_3}{2g_2}}z\right)} - \frac{3g_3}{2g_2}$$

证 因

$$\lim_{w'\to\infty}\delta'(z) = \frac{1}{z^2} + \lim_{w'\to\infty}\sum{}' \left[\frac{1}{(z-w)^2} - \frac{1}{w^2}\right]$$

而

$$w = 2mw + 2nw' \quad (m,n \text{ 为整数})$$

由于级数 $\sum'$ 关于 ω' 是一致收敛的，所以

$$\lim_{w'\to\infty}\delta'(z) = \frac{1}{z^2} + \sum{}' \lim_{w'\to\infty}\left[\frac{1}{(z-w)^2} - \frac{1}{w^2}\right]$$

令 $\dfrac{z}{2w} = v = x + iy$，$\dfrac{\omega'}{\omega} = \Gamma = \rho + \sigma i$（$x,y,\rho,\sigma$ 为实数），则

$$\lim_{w'\to\infty}\left\{\frac{1}{[z-(2m\omega+2n\omega')]^2} - \frac{1}{(2m\omega+2n\omega')^2}\right\} =$$

$$\frac{1}{(2\omega)^2}\lim_{\sigma\to\infty}\left[\frac{1}{(v-m-n\Gamma)^2} - \frac{1}{(m+n\Gamma)^2}\right] =$$

$$\frac{1}{(2\omega)^2}\left\{\frac{1}{(v-m)^2} - \frac{1}{m^2} + \lim_{\sigma\to\infty}\frac{1}{(v-m-n\Gamma)^2} - \lim_{\sigma\to\infty}\frac{1}{(m+n\Gamma)^2}\right\}$$

但

$$\lim_{\sigma\to\infty}\left|\frac{1}{(v-m-n\Gamma)^2}\right| = \lim_{\sigma\to\infty}\frac{1}{(x-m-n\rho)^2 + (y-n\sigma)^2} = 0$$

$$\lim_{\sigma\to\infty}\left|\frac{1}{(m+n\Gamma)^2}\right| = \lim_{\sigma\to\infty}\frac{1}{(m+n\rho)^2 + n^2\sigma^2} = 0$$

故

$$\lim_{w'\to\infty}\left[\frac{1}{(z-w)^2} - \frac{1}{w^2}\right] = \frac{1}{(2w)^2}\left[\frac{1}{(v-m)^2} - \frac{1}{m^2}\right]$$

因此

$$\lim_{w'\to\infty}\delta(z) = \frac{1}{(2\omega v)^2} + \frac{1}{(2\omega)^2}\sum{}'\left(\frac{1}{(v-m)^2} - \frac{1}{m^2}\right) =$$

$$\frac{1}{(2\omega)^2}\left[\sum_{m=-\infty}^{+\infty}\frac{1}{(v-m)^2} - 2\sum_{m=1}^{+\infty}\frac{1}{m^2}\right]$$

由于

$$\frac{1}{\sin^2 z} = \frac{1}{z^2} + \sum{}'\frac{1}{(z-n\pi)^2} = \sum_{n=-\infty}^{+\infty}\frac{1}{(z-n\pi)^2}$$

且
$$\sum_{n=1}^{\infty} \frac{1}{n^2} = \frac{\pi^2}{6}$$

故
$$\lim_{\omega' \to \infty} \delta(z) = \delta(z \mid 2\omega, \infty) = \frac{1}{(2\omega)^2}\left[\frac{\pi^2}{\sin^2 \pi v} - 2 \cdot \frac{\pi^2}{6}\right] =$$
$$\left(\frac{\pi}{2\omega}\right)^2 \left[\frac{1}{\sin^2\left(\frac{\pi}{2\omega_n^2}z\right)} - \frac{1}{3}\right]$$

下面将证
$$\left(\frac{\pi}{2\omega}\right)^2 = \frac{9g_3}{2g_2}$$

因之也有
$$\delta(z \mid 2\omega, \infty) = \frac{\frac{9g_3}{2g_2}}{\sin^2\left(\sqrt{\frac{9g_3}{2g_2}}z\right)} - \frac{3}{2}\frac{g_3}{g_2}$$

(2) $\left(\frac{\pi}{2\omega}\right)^2 = \frac{9g_3}{2g_2}$.

证 因
$$g_2 = 60 \sum' \frac{1}{\omega^4}$$

故
$$\lim_{\omega' \to \infty} g_2 = 60 \cdot \lim_{\omega' \to \infty} \sum' \frac{1}{(2m\omega + 2n\omega')^4}$$

由于右边级数关于 ω' 一致收敛,故
$$\lim_{\omega' \to \infty} g_2 = 60 \sum' \lim_{\omega' \to \infty} \frac{1}{(2m\omega + 2n\omega')^4}$$

因 ω 固定,故 $\omega' \to \infty$ 时,$I\left(\frac{\omega'}{\omega}\right) \to \infty$.

令
$$\frac{\omega'}{\omega} = \Gamma = \rho + \sigma i, \quad (\rho, \sigma \text{ 为实数})$$

则
$$\lim_{\sigma \to \infty} g_2 = 60 \sum' \lim_{\sigma \to \infty} \frac{1}{(2\omega)^4(m+n\Gamma)^4} =$$
$$\frac{15}{4\omega^4}\left[\sum' \frac{1}{m^4} + \sum' \lim_{\sigma \to \infty} \frac{1}{(m+n\Gamma)^4}\right]$$

但

$$\sum' \frac{1}{m^4} = 2 \sum_{m=1}^{\infty} \frac{1}{m^4} = 2 \cdot \frac{\pi^4}{90} = \frac{\pi^4}{45}$$

而

$$\lim_{\sigma \to \infty} \left| \frac{1}{(m+n\Gamma)^4} \right| = \lim_{\sigma \to \infty} \frac{1}{|m+n(\rho+\sigma i)|^4} =$$

$$\lim_{\sigma \to \infty} \frac{1}{[(m+n\rho)^2 + n^2\sigma^2]^2} = 0$$

故

$$\sum' \lim_{\sigma \to \infty} \frac{1}{(m+n\Gamma)^4} = 0$$

因此当 $\omega' \to \infty$ 时,有

$$g_2 = \frac{15}{4\omega^4} \cdot \frac{\pi^4}{45} = \frac{\pi^4}{12\omega^4}$$

仿此,因

$$g_3 = 140 \sum' \frac{1}{w^6}$$

故当 $\omega' \to \infty$ 时

$$g_3 = 140 \sum' \frac{1}{(2m\omega)^6} = 140 \cdot \frac{2}{(2\omega)^6} \sum_{m=1}^{\infty} \frac{1}{m^6} =$$

$$\frac{35}{8\omega^6} \frac{\pi^6}{945} = \frac{\pi^6}{216\omega^6}$$

从而当 $\omega' \to \infty$ 时,有

$$\frac{9g_3}{2g_2} = \frac{9 \cdot \frac{\pi^6}{216\omega^6}}{2 \cdot \frac{\pi^4}{12\omega^4}} = \left(\frac{\pi}{\omega}\right)^2 \cdot \frac{9}{216} \cdot \frac{12}{2} = \left(\frac{\pi}{2\omega}\right)^2$$

(3) $e_1 = \frac{3g_3}{g_2}$.

证 因

$$e_1 = \delta(\omega)$$

但由情形(1),有

$$\delta(z \mid 2\omega, \infty) = \left(\frac{\pi}{2\omega}\right)^2 \left[\frac{1}{\sin^2\left(\frac{\pi}{2\omega}z\right)} - \frac{1}{3}\right]$$

所以

$$e_1 = \delta(\omega) = \delta(\omega \mid 2\omega, \infty) = \left(\frac{\pi}{2\omega}\right)^2 \left[\frac{1}{\sin^2 \frac{\pi}{2}} - \frac{1}{3}\right] =$$

$$\left(\frac{\pi}{2\omega}\right)^2 \left(1 - \frac{1}{3}\right) = \left(\frac{\pi}{2\omega}\right)^2 \cdot \frac{2}{3} = \frac{2}{3} \frac{9g_3}{2g_2} =$$

$$\frac{3g_3}{g_2} \quad (\text{由情形}(2))$$

(4) $e_2 = e_3 = -\frac{3g_3}{2g_2}.$

证 因

$$e_2 = \delta(\omega + \omega'), e_3 = \delta(\omega')$$

又由于 ω 固定,$\omega' \to \infty$ 时,$\omega + \omega'$ 也趋于 ∞.

所以

$$e_2 = e_3 = \delta(\infty \mid 2\omega, \infty) =$$

$$\left(\frac{\pi}{2\omega}\right)^2 \lim_{z \to \infty} \left[\frac{1}{\sin^2\left(\frac{\pi}{2\omega}z\right)} - \frac{1}{3}\right] =$$

$$\left(\frac{\pi}{2\omega}\right)^2 \left(0 - \frac{1}{3}\right) = \frac{\pi^2}{12\omega^2} = -\left(\frac{\pi}{2\omega}\right)^2 \cdot \frac{1}{3} =$$

$$-\frac{3g_3}{2g_2} \quad \left(I\left(\frac{z}{\omega}\right) \to \infty\right)$$

(5) $g_2^3 - 27g_3^2 = 0.$

证 $g_2^3 - 27g_3^2 = \left(\frac{\pi^4}{12\omega^4}\right)^3 - 27\left(\frac{\pi^6}{216\omega^6}\right)^2 = 0$

(6) $\dfrac{\sigma'(z)}{\sigma(z)} = \dfrac{\pi}{2\omega} \cot \dfrac{z\pi}{2\omega} + \dfrac{1}{3}\left(\dfrac{\pi}{2\omega}\right)^2 z.$

证 因

$$\frac{\sigma'(z)}{\sigma(z)} = \zeta(z) = \frac{1}{z} + \sum{}' \left(\frac{1}{z-w} + \frac{1}{w} + \frac{z}{w^2}\right)$$

又当 $\omega' \to \infty$ 时,$\delta(z \mid 2\omega, 2\omega')$ 一致收敛于 $\delta(z \mid 2\omega, \infty)$.

故

$$\zeta(z \mid 2\omega, \infty) = \lim_{\omega' \to \infty} \frac{\sigma'(z)}{\sigma(z)} =$$

$$\lim_{\omega' \to \infty} \left[\frac{1}{z} - \int_0^z \left\{\delta(z \mid 2\omega, 2\omega') - \frac{1}{z^2}\right\} dz\right] =$$

$$\frac{1}{z} - \int_0^z \left\{\delta(z \mid 2\omega, \infty) - \frac{1}{z^2}\right\} dz =$$

$$\frac{1}{z} - \int_0^z \left\{ \left(\frac{\pi}{2\omega}\right)^2 \left(\csc^2 \frac{\pi}{2\omega} z - \frac{1}{3}\right) - \frac{1}{z^2} \right\} dz =$$

$$\frac{1}{z} - \left[-\frac{\pi}{2\omega} \cot \frac{\pi z}{2\omega} - \frac{1}{3}\left(\frac{\pi}{2\omega}\right)^2 z + \frac{1}{z} \right]_0^z =$$

$$\frac{1}{z} - \left[-\frac{\pi}{2\omega} \cot \frac{\pi z}{2\omega} - \frac{1}{3}\left(\frac{\pi}{2\omega}\right)^3 z + \frac{1}{z} \right] =$$

$$\frac{\pi}{2\omega}\left(\cot \frac{\pi z}{2\omega} + \frac{\pi}{6\omega} z\right) \quad (因 \delta(z) = -\zeta'(z))$$

$(7) \, 2\eta\omega = \frac{\pi^2}{6}.$

证 因
$$\eta = \zeta(\omega)$$

所以
$$2\omega\eta = 2\omega\zeta(\omega \mid 2\omega, \infty) =$$
$$\left[\frac{\pi}{2\omega}\left(\cot \frac{\pi\omega}{2\omega} + \frac{\pi\omega}{6\omega}\right)\right] 2\omega =$$
$$\pi\left(0 + \frac{\pi}{6}\right) = \frac{\pi^2}{6}$$

$(8) \, \sigma(z) = e^{\frac{1}{6}\left(\frac{z\pi}{2\omega}\right)^2} \cdot \frac{2\omega}{\pi} \sin \frac{z\pi}{2\omega}.$

证 因
$$\sigma(z) = z \cdot \exp\left[\int_0^z \left(\zeta(z) - \frac{1}{z}\right) dz\right]$$

所以
$$\sigma(z \mid 2\omega, \infty) = z \lim_{\omega' \to \infty} \exp \int_0^z \left[\zeta(z \mid 2\omega, 2\omega') - \frac{1}{z}\right] dz =$$
$$z \cdot \exp \int_0^z \left[\zeta(z \mid 2\omega, \infty) - \frac{1}{z}\right] dz =$$
$$z \cdot \exp \int_0^z \left[\frac{\pi}{2\omega}\left(\cot \frac{\pi z}{2\omega} + \frac{\pi z}{6\omega}\right) - \frac{1}{z}\right] dz =$$
$$z \cdot \exp \left[\ln \sin \frac{\pi z}{2\omega} + \frac{\pi^2 z^2}{24\omega^2} - \ln z\right]_0^z =$$
$$z \cdot \exp \left[\ln\left(\frac{1}{z}\sin \frac{\pi z}{2\omega}\right) + \frac{1}{6}\left(\frac{\pi z}{2\omega}\right)^2 - \ln \frac{\pi}{2\omega}\right] =$$
$$\frac{2\omega}{\pi} \exp\left[\frac{1}{6}\left(\frac{\pi z}{2\omega}\right)^2\right] \cdot \sin \frac{\pi z}{2\omega}$$

$(9) \, \sigma_1(z) = e^{\frac{1}{6}\left(\frac{z\pi}{2\omega}\right)^2} \cos \frac{z\pi}{2\omega}.$

证   因
$$\sigma_1(z) = -e^{\eta z}\frac{\sigma(z-\omega)}{\sigma(\omega)} = e^{\eta z}\frac{e^{-2\eta z}\sigma(z+\omega)}{\sigma(\omega)}$$

（因 $\sigma(\omega-z) = e^{2\eta z}\sigma(\omega+z), \sigma(-z) = -\sigma(z)$），即

$$\sigma_1(z) = e^{-\eta z}\frac{\sigma(z+\omega)}{\sigma(\omega)}$$

但当 $\omega' \to \infty$ 时，由情形(8)知

$$\sigma(z+\omega \mid 2\omega, \infty) = \frac{2\omega}{\pi}e^{\frac{1}{6}\left[\frac{\pi(z+\omega)}{2\omega}\right]^2}\sin\frac{\pi(z+\omega)}{\omega} =$$

$$\frac{2\omega}{\pi}e^{\frac{1}{6}\left[\left(\frac{\pi z}{2\omega}\right)^2 + \frac{\pi^2}{2\omega}z + \left(\frac{\pi}{2}\right)^2\right]}\left(\cos\frac{\pi z}{2\omega}\right)$$

$$\sigma(\omega \mid 2\omega, \infty) = \frac{2\omega}{\pi} \cdot \exp\left[\frac{1}{6}\left(\frac{\pi\omega}{2\omega}\right)^2\right]$$

又由情形(7)，有

$$\eta = \frac{\pi^2}{12\omega}$$

因此当 $\omega' \to \infty$ 时，有

$$\sigma_1(z) = e^{-\frac{\pi^2}{12\omega}z}\frac{\dfrac{2\omega}{\pi}e^{\frac{1}{6}\left[\left(\frac{\pi z}{2\omega}\right)^2 + \frac{\pi^2}{2\omega}z + \left(\frac{\pi}{2}\right)^2\right]}\cos\dfrac{\pi z}{2\omega}}{\dfrac{2\omega}{\pi}e^{\frac{1}{6}\left(\frac{\omega\pi}{2\omega}\right)^2}} =$$

$$e^{\frac{1}{6}\left(\frac{\pi z}{2\omega}\right)^2}\cos\frac{\pi z}{2\omega}$$

(10) $\sigma_2(z) = \sigma_3(z) = e^{\frac{1}{6}\left(\frac{\pi z}{2\omega}\right)^2}$.

证   因
$$\delta(z) = e_k + \left[\frac{\sigma_k(z)}{\sigma(z)}\right]^2 \quad (k=2,3)$$

由情形(1)

$$\delta(z) = \left(\frac{\pi}{2\omega}\right)^2\left[\frac{1}{\sin^2\left(\frac{\pi z}{2\omega}\right)} - \frac{1}{3}\right] \quad (\omega' \to \infty)$$

又由情形(4)

$$e_2 = e_3 = -\frac{3}{2}\frac{g_3}{g_2} = -\frac{1}{3}\left(\frac{\pi}{2\omega}\right)^2$$

同时由情形(8)

$$\sigma(z) = e^{\frac{1}{6}\left(\frac{3\pi}{2\omega}\right)^2} \cdot \frac{2\omega}{\pi}\sin\frac{z\pi}{2\omega}$$

故当 $\omega' \to \infty$ 时

$$\delta(z) - e_2 = \delta(z) - e_3 =$$
$$\left(\frac{\pi}{2\omega}\right)^2 \frac{1}{\sin^2\left(\frac{\pi z}{2\omega}\right)} - \frac{1}{3}\left(\frac{\pi}{2\omega}\right)^2 + \frac{1}{3}\left(\frac{\pi}{2\omega}\right)^2 =$$
$$\left(\frac{\pi}{2\omega}\right)^2 \frac{1}{\sin^2\left(\frac{\pi z}{2\omega}\right)}$$

从而当 $\omega' \to \infty$ 时

$$\sigma_2^2(z) = \sigma_3^2(z) = \sigma^2(z)[\delta(z) - e_2] =$$
$$\left[e^{\frac{1}{6}\left(\frac{z\pi}{2\omega}\right)^2}\right]^2 \left(\frac{2\omega}{\pi}\right)^2 \sin^2\left(\frac{z\pi}{2\omega}\right) \cdot \left(\frac{\pi}{2\omega}\right)^2 \cdot$$
$$\frac{1}{\sin^2\left(\frac{\pi z}{2\omega}\right)} = \left[e^{\frac{1}{6}\left(\frac{\pi z}{2\omega}\right)^2}\right]^2$$

所以当 $\omega' \to \infty$ 时

$$\sigma_2(z) = \sigma_3(z) = e^{\frac{1}{6}\left(\frac{\pi z}{2\omega}\right)^2}$$

注 若在本题中令 $\omega \to \infty$，则有

$$\delta(z \mid \infty, \infty) = \lim_{\omega \to \infty}\left[\frac{\left(\frac{\pi}{2\omega}\right)^2}{\left(\sin\frac{\pi z}{2\omega}\right)^2} - \frac{1}{3}\left(\frac{\pi}{2\omega}\right)^2\right] = \frac{1}{z^2}$$

$$g_2 = \lim_{\omega \to \infty}\frac{\pi^4}{12\omega^4} = 0, \quad g_3 = \lim_{\omega \to \infty}\frac{\pi^6}{216\omega^6} = 0$$

$$\zeta(z \mid \infty, \infty) = \lim_{\omega \to \infty}\left[\frac{\frac{\pi}{2\omega}}{\tan\frac{\pi z}{2\omega}} + \frac{\pi^2 z}{12\omega^2}\right] = \frac{1}{z}$$

$$\sigma(z \mid \infty, \infty) = \lim_{\omega \to \infty}\left[\exp\left(\frac{1}{6}\left(\frac{\pi z}{2\omega}\right)^2\right) \frac{\sin\frac{\pi z}{2\omega}}{\frac{\pi}{2\omega}}\right] = z$$

即此时 δ, ζ, σ 为有理函数.

❶❶❹ 设行列式

$$\Delta = \begin{vmatrix} 1 & \delta(u) & \delta'(u) \\ 1 & \delta(v) & \delta'(v) \\ 1 & \delta(w) & \delta'(w) \end{vmatrix}$$

中 u,v,w 是三个独立变数，试证这个行列式之值是

$$\frac{2\sigma(v-w)\sigma(w-u)\sigma(u-v)\sigma(u+v+w)}{[\sigma(u)\sigma(v)\sigma(w)]^3}$$

证 暂视 v,w 为常数，则 Δ 为 u 之函数，且为一个三级椭圆函数（以 $u=0$ 及其等价点为极点）．

又见 $u=v$ 及 $u=w$ 时，$\Delta=0$，故 v,w 及其等价点为 Δ 之零点．

设 Δ 的另一零点为 ι（可知 Δ 应有三个零点），则

$$v+w+\iota-3\times 0 = 2\mu\omega + 2\nu\omega' \quad \text{（周期）}$$

即

$$\iota = -(v+w) \quad (\text{取 } \mu=\nu=0)$$

因此 Δ 的零点为 $v,w,-(v+w)$ 及其等价点，于是可设

$$\Delta = C\frac{\sigma(u-v)\sigma(u-w)\sigma(u+v+w)}{\sigma^3(u)}$$

其中 C 为待定常数，但与 u 无关．

欲定 C，可用 u^3 乘上式的两边，再令 $u\to 0$，此时左边为

$$\lim_{u\to 0} u^3\Delta = \begin{vmatrix} u^3 & u^3\delta(u) & u^3\delta'(u) \\ 1 & \delta(v) & \delta'(v) \\ 1 & \delta(w) & \delta'(w) \end{vmatrix} = (-2)\begin{vmatrix} 1 & \delta(v) \\ 1 & \delta(w) \end{vmatrix} =$$

$$-2[\delta(w)-\delta(v)] = 2[\delta(v)-\delta(w)] =$$

$$-2\frac{\sigma(v+w)\sigma(v-w)}{\sigma^2(v)\sigma^2(w)}$$

（因 $\lim_{u\to 0} u^3\delta(u)=0, \lim_{u\to 0} u^3\delta'(u))=-2$）

右边为

$$\lim_{u\to 0} u^3 C\frac{\sigma(u-v)\sigma(u-w)\sigma(u+v+w)}{\sigma^3(u)} =$$

$$C\sigma(v)\sigma(w)\sigma(v+w) \quad (\text{因 } \sigma(-u)=-\sigma(u))$$

所以

$$C = \frac{2\sigma(w-v)}{\sigma^3(v)\sigma^3(w)}$$

从而

$$\Delta = \frac{2\sigma(w-v)\sigma(w-u)\sigma(v-w)\sigma(u+v+w)}{[\sigma(u)\sigma(v)\sigma(w)]^3}$$

注 在所得公式中，令 $u=-(v+w)$，即 $u+v+w=0$，则得 $\Delta=0$，即

$$\begin{vmatrix} \delta(u) & \delta'(u) & 1 \\ \delta(v) & \delta'(v) & 1 \\ \delta(w) & \delta'(w) & 1 \end{vmatrix} = 0$$

或

$$\frac{\delta'(u)-\delta'(v)}{\delta(u)-\delta(v)}=\frac{\delta'(w)-\delta'(v)}{\delta(w)-\delta(v)} \quad (u+v+w=0)$$

此即 δ 函数的加法公式.

115 试从关系式 $\delta(z)-e_\lambda=\dfrac{\sigma_\lambda^2(z)}{\sigma^2(z)}(\lambda=1,2,3)$ 中消去 $\delta(z)$ 来建立下列诸公式

$$\sigma_2^2(z)-\sigma_3^2(z)+(e_2-e_3)\sigma^2(z)=0$$
$$\sigma_3^2(z)-\sigma_1^2(z)+(e_3-e_1)\sigma^2(z)=0$$
$$\sigma_1^2(z)-\sigma_2^2(z)+(e_1-e_2)\sigma^2(z)=0$$
$$(e_2-e_3)\sigma_1^2(z)+(e_3-e_1)\sigma_2^2(z)+(e_1-e_2)e_3^2(z)=0$$

证 由

$$\delta(z)-e_1=\frac{\sigma_1^2(z)}{\sigma^2(z)},\delta(z)-e_3=\frac{\sigma_3^2(z)}{\sigma^2(z)}$$

消去 $\delta(z)$, 得

$$e_3+\frac{\sigma_3^2(z)}{\sigma^2(z)}-e_1=\frac{\sigma_1^2(z)}{\sigma^2(z)}$$

即

$$\sigma_3^2(z)-\sigma_1^2(z)+(e_3-e_1)\sigma^2(z)=0 \tag{1}$$

同样由

$$\delta(z)-e_2=\frac{\sigma_2^2(z)}{\sigma^2(z)},\delta(z)-e_1=\frac{\sigma_1^2(z)}{\sigma^2(z)}$$

消去 $\delta(z)$ 得

$$\sigma_1^2(z)-\sigma_2^2(z)+(e_1-e_2)\sigma^2(z)=0 \tag{2}$$

又由

$$\delta(z)-e_2=\frac{\sigma_2^2(z)}{\sigma^2(z)},\delta(z)-e_3=\frac{\sigma_3^2(z)}{\sigma^2(z)}$$

消去 $\delta(z)$ 得

$$\sigma_2^2(z)-\sigma_3^2(z)+(e_2-e_3)\sigma^2(z)=0 \tag{3}$$

$\sigma_2^2(z)\times①+\sigma_3^2(z)\times②+\sigma_1^2(z)\times③$ 得

$$\sigma_2^2(z)\sigma_3^2(z)-\sigma_2^2(z)\sigma_1^2(z)+(e_3-e_1)\sigma_2^2(z)\sigma^2(z)+$$
$$\sigma_3^2(z)\sigma_1^2(z)-\sigma_3^2(z)\sigma_2^2(z)+(e_1-e_2)\sigma_3^2(z)\sigma^2(z)+$$
$$\sigma_1^2(z)\sigma_2^2(z)-\sigma_1^2(z)\sigma_3^2(z)+(e_2-e_3)\sigma_1^2(z)\sigma^2(z)=0$$

由于 $\sigma^2(z) \not\equiv 0$，故可消去而得
$$(e_2-e_3)\sigma_1^2(z)+(e_1-e_2)e_3^2(z)+(e_3-e_1)\sigma_2^2(z)=0$$

⑯ 试证明由公式 $\delta'(z)=-2\dfrac{\sigma_\lambda(z)\sigma_\mu(z)\sigma_\nu(z)}{\sigma^3(z)}$ 可以得出函数 $\dfrac{\sigma(z)}{\sigma_\lambda(z)},\dfrac{\sigma_\mu(z)}{\sigma_\nu(z)},\dfrac{\sigma_\lambda(z)}{\sigma(z)}$ 的下列微分方程

$$\frac{\mathrm{d}}{\mathrm{d}z}\frac{\sigma(z)}{\sigma_\lambda(z)}=\frac{\sigma_\mu(z)}{\sigma_\lambda(z)}\frac{\sigma_\nu(z)}{\sigma_\lambda(z)}$$

$$\frac{\mathrm{d}}{\mathrm{d}z}\frac{\sigma_\mu(z)}{\sigma_\nu(z)}=-(e_\mu-e_\nu)\frac{\sigma_\lambda(z)\cdot\sigma(z)}{\sigma_\nu(z)\cdot\sigma_\nu(z)}$$

$$\frac{\mathrm{d}}{\mathrm{d}z}\frac{\sigma_\lambda(z)}{\sigma(z)}=-\frac{\sigma_\mu(z)\cdot\sigma_\nu(z)}{\sigma(z)\sigma(z)}$$

证 对

$$\delta(z)-e_\lambda=\frac{\sigma_\lambda^2(z)}{\sigma^2(z)}$$

关于 z 微分得

$$\delta'(z)=2\frac{\sigma_2(z)}{\sigma(z)}\cdot\frac{\mathrm{d}}{\mathrm{d}z}\frac{\sigma_\lambda(z)}{\sigma(z)}$$

即

$$\frac{\mathrm{d}}{\mathrm{d}z}\frac{\sigma_\lambda(z)}{\sigma(z)}=\frac{\tfrac{1}{2}\delta'(z)\sigma(z)}{\sigma_\lambda(z)}=-2\frac{\sigma_\lambda(z)\sigma_\mu(z)\sigma_\nu(z)}{\sigma^3(z)}\cdot\frac{\sigma(z)}{2\sigma_\lambda(z)}=-\frac{\sigma_\mu(z)\cdot\sigma_\nu(z)}{\sigma(z)\cdot\sigma(z)}$$

(1)

$$\frac{\mathrm{d}}{\mathrm{d}z}\frac{\sigma(z)}{\sigma_\lambda(z)}=\frac{\mathrm{d}}{\mathrm{d}z}\frac{1}{\frac{\sigma_\lambda(z)}{\sigma(z)}}=-\frac{\frac{\mathrm{d}}{\mathrm{d}z}\frac{\sigma_\lambda(z)}{\sigma(z)}}{\frac{\sigma_\lambda^2(z)}{\sigma^2(z)}}=$$

$$-\frac{-\frac{\sigma_\mu(z)}{\sigma(z)}\cdot\frac{\sigma_\nu(z)}{\sigma(z)}}{\frac{\sigma_\lambda^2(z)}{\sigma^2(z)}}=\frac{\sigma_\mu(z)\sigma_\nu(z)}{\sigma_\lambda(z)\sigma_\lambda(z)}$$

再

$$\frac{\mathrm{d}}{\mathrm{d}z}\frac{\sigma_\mu(z)}{\sigma_\nu(z)}=\frac{\mathrm{d}}{\mathrm{d}z}\left[\frac{\sigma_\mu(z)}{\sigma(z)}\frac{\sigma(z)}{\sigma_\nu(z)}\right]=$$

$$\frac{\sigma(z)}{\sigma_\nu(z)}\frac{\mathrm{d}}{\mathrm{d}z}\frac{\sigma_\mu(z)}{\sigma(z)}+\frac{\upsilon_\mu(z)}{\sigma(z)}\frac{\mathrm{d}}{\mathrm{d}z}\frac{\sigma(z)}{\sigma_\nu(z)}=$$

$$\frac{\sigma(z)}{\sigma_\nu(z)}\left[\frac{-\sigma_\lambda(z)\sigma_\nu(z)}{\sigma^2(z)}\right]+\frac{\sigma_\mu(z)}{\sigma(z)}\left[\frac{\sigma_\lambda(z)\sigma_\mu(z)}{\sigma_\nu^2(z)}\right]=$$

$$-\frac{\sigma_\lambda(z)}{\sigma(z)}+\frac{\sigma_\lambda(z)\sigma_\mu^2(z)}{\sigma(z)\sigma_\nu^2(z)}=\frac{\sigma_\lambda(z)}{\sigma(z)}\left[\frac{\sigma_\mu^2(z)}{\sigma_\nu^2(z)}-1\right]$$

但

$$(e_\mu-e_\nu)\sigma^2(z)+\sigma_\mu^2(z)-\sigma_\nu^2(z)=0$$

即

$$\frac{\sigma_\mu^2(z)}{\sigma_\nu^2(z)}-1=-(e_\mu-e_\nu)\frac{\sigma^2(z)}{\sigma_\nu^2(z)}$$

代入上式即得

$$\frac{\mathrm{d}}{\mathrm{d}z}\frac{\sigma_\mu(z)}{\sigma_\nu(z)}=-(e_\mu-e_\nu)\frac{\sigma_\lambda(z)\sigma(z)}{\sigma_\nu^2(z)}$$

117 证明下列诸公式：

(1) $\dfrac{1}{2}\dfrac{\delta'(z)}{\delta(z)-e_\lambda}=\dfrac{\sigma'_\lambda(z)}{\sigma_\lambda(z)}-\dfrac{\sigma'(z)}{\sigma(z)}=\dfrac{\mathrm{d}}{\mathrm{d}z}\ln\dfrac{\sigma_\lambda(z)}{\sigma(z)}.$

证 $\dfrac{\mathrm{d}}{\mathrm{d}z}\ln\dfrac{\sigma_\lambda(z)}{\sigma(z)}=\dfrac{\dfrac{\mathrm{d}}{\mathrm{d}z}\dfrac{\sigma_\lambda(z)}{\sigma(z)}}{\dfrac{\sigma_\lambda(z)}{\sigma(z)}}=\dfrac{-\dfrac{\sigma_\mu(z)\sigma_\nu(z)}{\sigma^2(z)}}{\dfrac{\sigma_\lambda(z)}{\sigma(z)}}=-\dfrac{\sigma_\mu(z)\sigma_\nu(z)}{\sigma(z)\sigma_\nu(z)}$

另一方面

$$\frac{\mathrm{d}}{\mathrm{d}z}\ln\frac{\sigma_\lambda(z)}{\sigma(z)}=\frac{\mathrm{d}}{\mathrm{d}z}[\ln\sigma_\lambda(z)-\ln\sigma(z)]=$$

$$\frac{\sigma'_\lambda(z)}{\sigma_\lambda(z)}-\frac{\sigma'(z)}{\sigma(z)}$$

又因

$$\delta'(z)=-2\frac{\sigma_\lambda(z)\sigma_\mu(z)\sigma_\nu(z)}{\sigma^3(z)}$$

$$\delta(z)-e_\lambda=\frac{\sigma_\lambda^2(z)}{\sigma^2(z)}$$

从而

$$\frac{1}{2}\frac{\delta'(z)}{\delta(z)-e_\lambda}=\frac{1}{2}\frac{-2\dfrac{\sigma_\lambda(z)\sigma_\mu(z)\sigma_\nu(z)}{\sigma^3(z)}}{\dfrac{\sigma_\lambda^2(z)}{\sigma^2(z)}}=$$

$$-\frac{\sigma_\mu(z)\sigma_\nu(z)}{\sigma(z)\sigma_\lambda(z)}$$

故所证成立.

(2) $\dfrac{1}{2}\dfrac{(e_\mu-e_\nu)\delta'(z)}{[\delta(z)-e_\mu][\delta(z)-e_\nu]}=\dfrac{\sigma'_\mu(z)}{\sigma_\mu(z)}-\dfrac{\sigma'_\nu(z)}{\sigma_\nu(z)}=\dfrac{\mathrm{d}}{\mathrm{d}z}\ln\dfrac{\sigma_\mu(z)}{\sigma_\nu(z)}.$

证 因

$$\dfrac{\mathrm{d}}{\mathrm{d}z}\ln\dfrac{\sigma_\mu(z)}{\sigma_\nu(z)}=\dfrac{\mathrm{d}}{\mathrm{d}z}[\ln\sigma_\mu(z)-\ln\sigma_\nu(z)]=\dfrac{\sigma'_\mu(z)}{\sigma_\mu(z)}-\dfrac{\sigma'_\nu(z)}{\sigma_\nu(z)}$$

另一方面

$$\dfrac{\mathrm{d}}{\mathrm{d}z}\ln\dfrac{\sigma_\mu(z)}{\sigma_\nu(z)}=\dfrac{\dfrac{\mathrm{d}}{\mathrm{d}z}\dfrac{\sigma_\mu(z)}{\sigma_\nu(z)}}{\dfrac{\sigma_\mu(z)}{\sigma_\nu(z)}}=\dfrac{-(e_\mu-e_\nu)\dfrac{\sigma_\lambda(z)\sigma(z)}{\sigma_\nu^2(z)}}{\dfrac{\sigma_\mu(z)}{\sigma_\nu(z)}}$$

$$=-(e_\mu-e_\nu)\dfrac{\sigma_\lambda(z)\sigma(z)}{\sigma_\nu(z)\sigma_\mu(z)}$$

而

$$\dfrac{1}{2}\dfrac{(e_\mu-e_\nu)\delta'(z)}{[\delta(z)-e_\mu][\delta(z)-e_\nu]}=$$

$$\dfrac{1}{2}\dfrac{(e_\mu-e_\nu)\left[-2\dfrac{\sigma_\lambda(z)\sigma_\mu(z)\sigma_\nu(z)}{\sigma^3(z)}\right]}{\dfrac{\sigma_\mu^2(z)}{\sigma^2(z)}\cdot\dfrac{\sigma_\nu^2(z)}{\sigma^2(z)}}=$$

$$-(e_\mu-e_\nu)\dfrac{\sigma_\lambda(z)\cdot\sigma(z)}{\sigma_\mu(z)\cdot\sigma_\nu(z)}$$

(3) $-\dfrac{(e_\lambda-e_\mu)(e_\lambda-e_\nu)}{\delta(z)-e_\lambda}-e_\lambda=\dfrac{\mathrm{d}}{\mathrm{d}z}\dfrac{\sigma'_\lambda(z)}{\sigma_\lambda(z)}=\dfrac{\mathrm{d}^2}{\mathrm{d}z^2}\ln\sigma_\lambda(z).$

证 $\dfrac{\mathrm{d}^2}{\mathrm{d}z^2}\ln\sigma_\lambda(z)=\dfrac{\mathrm{d}}{\mathrm{d}z}\left[\dfrac{\mathrm{d}}{\mathrm{d}z}\ln\sigma_\lambda(z)\right]=\dfrac{\mathrm{d}}{\mathrm{d}z}\dfrac{\sigma'_\lambda(z)}{\sigma_\lambda(z)}=$

$$\dfrac{\mathrm{d}}{\mathrm{d}z}\left[\dfrac{1}{2}\dfrac{\delta'(z)}{\delta(z)-e_\lambda}+\dfrac{\sigma'(z)}{\sigma(z)}\right]=$$

$$\dfrac{\mathrm{d}}{\mathrm{d}z}\left[-\dfrac{\sigma_\nu(z)\sigma_\mu(z)}{\sigma(z)\sigma_\lambda(z)}+\dfrac{\mathrm{d}}{\mathrm{d}z}\dfrac{\sigma'(z)}{\sigma(z)}\right]=$$

$$-\dfrac{\sigma_\nu(z)}{\sigma_\lambda(z)}\dfrac{\mathrm{d}}{\mathrm{d}z}\dfrac{\sigma_\mu(z)}{\sigma(z)}-\dfrac{\sigma_\mu(z)}{\sigma(z)}\dfrac{\mathrm{d}}{\mathrm{d}z}\dfrac{\sigma_\nu(z)}{\sigma_\lambda(z)}+\zeta'(z)=$$

$$-\dfrac{\sigma_\nu(z)}{\sigma_\lambda(z)}\left(-\dfrac{\sigma_\nu(z)\sigma_\lambda(z)}{\sigma^2(z)}\right)-$$

$$\dfrac{\sigma_\mu(z)}{\sigma(z)}\left(-(e_\nu-e_\lambda)\dfrac{\sigma_\mu(z)\sigma(z)}{\sigma_\lambda^2(z)}\right)-\delta(z)=$$

$$\dfrac{\sigma_\nu^2(z)}{\sigma^2(z)}+(e_\nu-e_\lambda)\dfrac{\sigma_\mu^2(z)}{\sigma_\lambda^2(z)}-\dfrac{\sigma_\lambda^2(z)}{\sigma^2(z)}-e_\lambda=$$

$$(e_\lambda - e_\nu) + (e_\nu - e_\lambda)\frac{\sigma_\mu^2(z)}{\sigma_\lambda^2(z)} - e_\lambda =$$

$$(e_\lambda - e_\nu)\left[1 - \frac{\sigma_\mu^2(z)}{\sigma_\lambda^2(z)}\right] - e_\lambda =$$

$$\frac{-(e_\lambda - e_\nu)\left[\dfrac{\sigma_\mu^2(z) - \sigma_\lambda^2(z)}{\sigma^2(z)}\right]}{\dfrac{\sigma_\lambda^2(z)}{\sigma^2(z)}} - e_\lambda =$$

$$\frac{-(e_\lambda - e_\nu)(e_\lambda - e_\mu)}{\delta'(z) - e_\lambda} - e_\lambda$$

(因由第 116 题知,$\sigma_\lambda^2(z) - \sigma_\mu^2(z) + (e_\lambda - e_\mu)e^2(z) = 0$,于是 $\dfrac{\sigma_\mu^2(z) - \sigma_\lambda^2(z)}{\sigma^2(z)} = e_\lambda - e_\mu$).

118 方程 $\sqrt{\delta(z) - e_\lambda} = \dfrac{\sigma_\lambda(z)}{\sigma(z)}$ ($\lambda = 1, 2, 3$) 把三个三次根式确定为 z 的三个单值函数.

依次令 $z = \omega, \omega + \omega', \omega'$,则得

$$\sqrt{e_1 - e_2} = \frac{\sigma_2(\omega)}{\sigma(\omega)} = \frac{e^{(\eta + \eta')}\sigma(\omega')}{\sigma(\omega)\sigma(\omega + \omega')} \quad \left\{ \begin{array}{l} \delta(\omega_k) = e_k \\ \sigma_k(z) = \dfrac{e^{-\eta_k z}\sigma(z + \omega_k)}{\sigma(\omega_k)} \end{array} \right\}$$

$$\sqrt{e_1 - e_3} = \frac{\sigma_3(\omega)}{\sigma(\omega)} = \frac{e^{-\eta'\omega}\sigma(\omega + \omega')}{\sigma(\omega)\sigma(\omega')}$$

$$\sqrt{e_2 - e_1} = \frac{\sigma_1(\omega + \omega')}{\sigma(\omega + \omega')} = -\frac{e^{\eta(\omega + \omega')}\sigma(\omega')}{\sigma(\omega)\sigma(\omega + \omega')}$$

$$\sqrt{e_2 - e_3} = \frac{\sigma_3(\omega + \omega')}{\sigma(\omega + \omega')} = -\frac{e^{\eta'(\omega + \omega')}\sigma(\omega)}{\sigma(\omega')\sigma(\omega + \omega')}$$

$$\sqrt{e_3 - e_1} = \frac{\sigma_1(\omega')}{\sigma(\omega)} = \frac{e^{-\eta\omega'}\sigma(\omega + \omega')}{\sigma(\omega)\sigma(\omega')}$$

$$\sqrt{e_3 - e_2} = \frac{\sigma_2(\omega')}{\sigma(\omega)} = \frac{e^{(\eta + \eta')\omega'}\sigma(\omega)}{\sigma(\omega')\sigma(\omega + \omega')}$$

根据这些等式,二次根式的六个值就可唯一地决定. 在这些根式之间,有下面的关系成立

$$\sqrt{e_3 - e_2} = -i\sqrt{e_2 - e_3}$$

$$\sqrt{e_3 - e_1} = -\mathrm{i}\sqrt{e_1 - e_3}$$
$$\sqrt{e_2 - e_1} = -\mathrm{i}\sqrt{e_1 - e_2}$$

证 因

$$\sqrt{\delta(z) - e_k} = \frac{1}{2\omega} \frac{\theta' \cdot \theta_k(v)}{\theta_k \cdot \theta(v)} \quad (k = 1, 2, 3)$$

令 $z = \omega$(即 $v = \frac{1}{2}$),则

$$\sqrt{e_1 - e_k} = \frac{1}{2\omega} \frac{\theta' \cdot \theta_k\left(\frac{1}{2}\right)}{\theta_k \cdot \theta\left(\frac{1}{2}\right)}$$

因此

$$\sqrt{e_1 - e_2} = \frac{1}{2\omega} \frac{\theta' \cdot \theta_2\left(\frac{1}{2}\right)}{\theta_2 \cdot \theta\left(\frac{1}{2}\right)} = \frac{1}{2\omega} \frac{\theta' \cdot \theta_3}{\theta_2 \cdot \theta_1} =$$

$$\frac{\pi}{2\omega}\theta_3^2 \quad (因 \theta' = \pi\theta_1\theta_2\theta_3)$$

又取 $z = \omega + \omega'\left(即 v = \frac{1}{2} + \frac{\tau}{2}\right)$,则得

$$\sqrt{e_2 - e_k} = \frac{1}{2\omega} \frac{\theta' \cdot \theta_k\left(\frac{1}{2} + \frac{\tau}{2}\right)}{\theta_k \cdot \theta\left(\frac{1}{2} + \frac{\tau}{2}\right)}$$

因此

$$\sqrt{e_2 - e_1} = \frac{1}{2\omega} \frac{\theta' \cdot \theta_1\left(\frac{1}{2} + \frac{\tau}{2}\right)}{\theta_1 \cdot \theta\left(\frac{1}{2} + \frac{\tau}{2}\right)} =$$

$$\frac{1}{2\omega} \frac{\theta'(-\mathrm{i}\mathrm{e}\theta_3)}{\theta_1 \cdot \mathrm{e}\theta_2} = -\mathrm{i}\frac{\pi}{2\omega}\theta_3^2$$

所以

$$\sqrt{e_2 - e_1} = -\mathrm{i}\sqrt{e_1 - e_2}$$

仿此可证其他二式.

119 试证明:在函数

$$\sigma(z+a)\sigma(z-a), \sigma(z+b)\sigma(z-b), \sigma(z+c)\sigma(z-c)$$

之间有一个齐次的线性关系.

证 作函数
$$F(z)=\frac{A\sigma(z+b)\sigma(z-b)+B\sigma(z+c)(z-c)}{\sigma(z+a)\sigma(z-a)}=$$
$$A\frac{\sigma(z+b)\sigma(z-b)}{\sigma(z+a)\sigma(z-a)}+B\frac{\sigma(z+c)\sigma(z-c)}{\sigma(z+a)\sigma(z-a)}$$

则因
$$F(z+2\omega)=A\frac{e^{2\eta(z+b+\omega)}\sigma(z+b)e^{2\eta(z-b+\omega)}\sigma(z-b)}{e^{2\eta(z+a+\omega)}\sigma(z+a)e^{2\eta(z-a+\omega)}\sigma(z-a)}+$$
$$B\frac{e^{2\eta(z+c+\omega)}\sigma(z+c)e^{2\eta(z-c+\omega)}\sigma(z-c)}{e^{2\eta(z+a+\omega)}\sigma(z+a)e^{2\eta(z-a+\omega)}\sigma(z-a)}=$$
$$\frac{A\sigma(z+b)\sigma(z-b)+B\sigma(z+c)\sigma(z-c)}{\sigma(z+a)\sigma(z-a)}=F(z)$$

同理有
$$F(z+2\omega')=F(z)$$

故 $F(z)$ 为椭圆函数,并以 a 与 $-a$ 为简单极点.

今定 A,B,当 $z=a$ 时
$$A\sigma(z+b)\sigma(z-b)+B\sigma(z+c)\sigma(z-c)=0$$

即
$$A\sigma(a+b)\sigma(a-b)+B\sigma(a+c)\sigma(a-c)=0$$

所以
$$\frac{A}{B}=\frac{\sigma(a+c)\sigma(c-a)}{\sigma(a+b)\sigma(a-b)}$$

$$F(z)=B\frac{\frac{\sigma(a+c)\sigma(c-a)}{\sigma(a+b)\sigma(a-b)}\sigma(z+b)\sigma(z-b)+\sigma(z+c)\sigma(z-c)}{\sigma(z+a)\sigma(z-a)}$$

但此时 $F(z)$ 便没有极点(因分子之每个零点恰为分母之同级零点).

从而 $F(z)$ 应为一常数
$$F(z)=C$$

即
$$\frac{\sigma(a+c)\sigma(c-a)}{\sigma(a+b)\sigma(a-b)}\sigma(z+b)\sigma(z-b)+\sigma(z+c)\sigma(z-c)=$$
$$\frac{C}{B}\sigma(z+a)\sigma(z-a)$$

或
$$M\cdot\sigma(z+b)\sigma(z-b)+\sigma(z+c)\sigma(z-c)+N\sigma(z+a)\sigma(z-a)=0$$

其中 $M = \dfrac{\sigma(a+c)\sigma(c-a)}{\sigma(a+b)\sigma(a-b)}$, $-\dfrac{C}{B} = N$.

120 试证 ζ 函数的加法公式

$$\zeta(z+u) = \zeta(z) + \zeta(u) + \frac{1}{2}\frac{\delta'(z) - \delta'(u)}{\delta(z) - \delta(u)}$$

证　因

$$\delta(z) - \delta(u) = -\frac{\sigma(z+u)\sigma(z-u)}{\sigma^2(z)\sigma^2(u)}$$

两边取对数

$$\ln(\delta(z) - \delta(u)) = \ln\left(-\frac{\sigma(z+u)\sigma(z-u)}{\sigma^2(z)\sigma^2(u)}\right) =$$

$$\ln\sigma(z+u) + \ln\sigma(z-u) - 2\ln\sigma(z) - \ln(-\sigma^2(u)) \qquad (1)$$

视 u 为常数，两边关于 z 求导数得

$$\frac{\delta'(z)}{\delta(z) - \delta(u)} = \zeta(z+u) + \zeta(z-u) - 2\zeta(z)$$

将 u 与 z 互换得(实际上是视 z 为常数，两边求式(1) 对 u 之导数)

$$\frac{\delta'(u)}{\delta(u) - \delta(z)} = \zeta(u+z) + \zeta(u-z) - 2\zeta(u)$$

相加得

$$\frac{\delta'(z) - \delta'(u)}{\delta(u) - \delta(z)} = 2\zeta(z+u) - 2\zeta(z) - 2\zeta(u)$$

即

$$\zeta(z+u) = \zeta(z) + \zeta(u) + \frac{1}{2}\frac{\delta'(z) - \delta'(u)}{\delta(z) - \delta(u)}$$

121 试证：$\dfrac{\sigma'(2u)}{\sigma(2u)} = 2\dfrac{\sigma'(u)}{\sigma(u)} + \dfrac{1}{2}\dfrac{\delta'(u)}{\delta(u)}$.

证　因

$$\zeta(u+v) = \zeta(u) + \zeta(v) + \frac{1}{2}\frac{\delta'(u) - \delta'(v)}{\delta(u) - \delta(v)}$$

取定 u，令 $v \to u$ 得

$$\zeta(2u) = 2\zeta(u) + \frac{1}{2}\lim_{v \to u}\frac{\delta'(u) - \delta'(v)}{\delta(u) - \delta(v)} =$$

$$2\zeta(u) + \frac{1}{2}\lim_{v \to u}\frac{\delta''(v)}{\delta'(v)} =$$

$$2\zeta(u) + \frac{1}{2}\frac{\delta''(u)}{\delta'(u)}$$

122 试证 $f(u) = \dfrac{\sigma(nu)}{\sigma(u)^{n^2}}$ 为一椭圆函数,当 n 为奇数时,$f(u)$ 为偶函数,n 为偶数时,$f(u)$ 为奇函数.

证 $f(u+2\omega) = \dfrac{\sigma(nu+2n\omega)}{\sigma(u+2\omega)^{n^2}} =$

$$\dfrac{(-1)^n e^{2n\eta(n\omega+nu)}\sigma(nu)}{(-1)^{n^2} e^{2n^2\eta(u+\omega)}\sigma(u)^{n^2}} =$$

$$\dfrac{\sigma(nu)}{\sigma(u)^{n^2}} = f(u)$$

同样可证
$$f(u+2\omega') = f(u)$$

所以 $f(u)$ 为双周期函数.

又 $f(u)$ 的各周期点为其 n^2-1 阶极点($n=1$ 时,$f(u) \equiv 1$). 有限远处 $f(u)$ 无其他奇点,因之 $f(u)$ 为一椭圆函数.

又

$$f(u) = \dfrac{-\sigma(nu)}{(-1)^{n^2}\sigma(u)^{n^2}} = (-1)^{n^2-1}\dfrac{\sigma(nu)}{\sigma(u)^{n^2}} = \begin{cases} f(u) & (n\text{ 为奇}) \\ -f(u) & (n\text{ 为偶}) \end{cases}$$

特例:当 $n=2$ 时,$f(u) = \dfrac{\sigma(2u)}{\sigma(u)^4}$ 在其周期平行四边形内,极点处的展开式的主部为 $\dfrac{2}{u^3}$,而与 $-\delta'(u)$ 的展开式的主部一致. 又 $f(u)$ 与 $-\delta'(u)$ 的极点亦一致.因之必有

$$\dfrac{\sigma(2u)}{\sigma(u)^4} - (-\delta'(u)) = C$$

令 $u=\omega$ 时,则得 $C=0$.

所以,有
$$\dfrac{\sigma(2u)}{\sigma^4(u)} = -\delta'(u)$$

此公式直接证明当然也不困难,因由

$$\delta(u) - \delta(v) = -\dfrac{\sigma(u-v)\sigma(u+v)}{\sigma^2(u)\sigma^2(v)}$$

得

$$\frac{\delta(u)-\delta(v)}{u-v} = -\frac{\sigma(u-v)}{u-v}\frac{\sigma(u+v)}{\sigma^2(u)\sigma^2(v)}$$

令 $v \to u$,则因

$$\frac{\sigma(u-v)}{u-v} \to 1$$

故得

$$\delta'(u) = -\frac{\sigma(2u)}{\sigma^4(u)}$$

❷❸ 证明下列展开式

$$\delta(u)-e_1 = \frac{1}{4}(12e_1^2-g_2)(u-\omega)^2 +$$
$$\frac{1}{4}(20e_1^3-3g_2e_1-2g_3)(u-\omega)^4+\cdots$$

证 设

$$f(u)=\delta(u)-e_1$$

将 $f(u)$ 在点 $u=\omega$ 邻近展开为泰勒级数

$$f(u)=f(\omega)+\frac{f'(\omega)}{1!}(u-\omega)+\frac{f''(\omega)}{2!}(u-\omega)^2+\frac{f'''(\omega)}{3!}(u-\omega)^3+\cdots$$

$$f(u)=\delta(u)-e_1$$

则

$$f(\omega)=0$$
$$f'(u)=\delta'(u)$$

所以

$$f'(\omega)=0$$
$$f''(u)=\delta''(u)=6\delta^2(u)-\frac{1}{2}g_2$$

因此

$$f''(\omega)=\frac{1}{2}(12e_1^2-g_2)$$
$$f'''(u)=12\delta(u)\delta'(u)$$

则

$$f'''(\omega)=0$$
$$f^{(4)}(u)=12\delta'(u)^2+12\delta(u)\delta''(u)=$$
$$12\delta'^2(u)+6\delta(u)[12\delta'^2(u)-g_2]$$

得出
$$f^{(4)}(\omega)=6e_1(12e_1^2-g_2)$$
或
$$f^{(4)}(u)=\delta^{(4)}(u)=120\delta^3(u)-18g_2\delta(z)-12g_3$$
(由 $\delta'^2(u)=4\delta^3(u)-g_2\delta(u)-g_3$ 两边逐次微分可得),所以
$$f^{(4)}(\omega)=120e_1^3-18g_2e_1-12g_3$$
$$\vdots$$
故
$$\delta(u)-e_1=\frac{1}{4}(12e_1^2-g_2)(u-\omega)^2+\frac{1}{4}e_1(12e_1^2-g_2)(u-\omega)^4+\cdots$$

124 给定实数 $k(0<k<1)$,定义椭圆积分
$$A_s=\int_0^{\frac{\pi}{2}}\sin^{2s}t\sqrt{1-k^2\sin^2t}\,dt$$
$$B_s=\int_0^{\frac{\pi}{2}}\frac{\sin^{2s}t\,dt}{\sqrt{1-k^2\sin^2t}}\quad(s=0,1,2,\cdots)$$

证明:(1) $B_r=\dfrac{B_{r-1}-A_{r-1}}{k^2}$.

(2) $A_r=\dfrac{(2rk^2-1)A_{r-1}+(1-k^2)B_{r-1}}{(2r+1)k^2}$.

证 (1) 可直接由定积分中代换 A_{r-1} 与 B_{r-1} 的值而得出.

(2) 因
$$A_{r-1}-A_r=\frac{1}{2^r-1}\int_0^{\frac{\pi}{2}}\cos t\sqrt{1-k^2\sin^2 t}\,d(\sin^{2r-1}t)$$

且由分部积分法给出
$$A_{r-1}-A_r=\frac{1}{2^r-1}[A_r+k^2(B_r-B_{r+1})]$$

再两次应用第(1)题即可得出第(2)题.

附录　　各类考试试题解答选编

大连工学院1981年研究生入学考试复变函数试题解
（函数逼近、组合数学方向）

（一）（20分）

1.（10分）试研究函数 $f(z)=|z^2|$ 的可导性.

解　因
$$f(z)=|z^2|=z\bar{z}$$

故
$$\frac{f(z+\Delta z)-f(z)}{\Delta z}=\frac{(z+\Delta z)\overline{(z+\Delta z)}-z\bar{z}}{\Delta z}=$$
$$\frac{z\overline{\Delta z}+\bar{z}\Delta z+\Delta z\overline{\Delta z}}{\Delta z}=$$
$$z\cdot\frac{\overline{\Delta z}}{\Delta z}+\bar{z}+\overline{\Delta z}$$

由此可知，当 $z=0$ 时，$\lim_{\Delta z\to 0}\frac{f(z+\Delta z)-f(z)}{\Delta z}=0$. 从而，$f(z)$ 在点 $z=0$ 可导，且 $f'(0)=0$. 同时可知，当 $z\neq 0$ 时，由于 $\lim_{\Delta z\to 0}\frac{\overline{\Delta z}}{\Delta z}$ 不存在，因而可断言 $\lim_{\Delta z\to 0}\frac{f(z+\Delta z)-f(z)}{\Delta z}$ 不存在，从而，$f(z)$ 在任何点 $z\neq 0$ 不可导.

2.（10分）设 $f(z)=u(x,y)+iv(x,y)$ 在区域 D 内解析，并且 $v=u^2$，试求 $f(z)$.

解　由柯西－黎曼条件及关系式 $v=u^2$，可知
$$\frac{\partial u}{\partial x}=\frac{\partial v}{\partial y}=2u\frac{\partial u}{\partial y} \tag{1}$$
$$\frac{\partial u}{\partial y}=-\frac{\partial v}{\partial x}=-2u\frac{\partial u}{\partial x} \tag{2}$$

将式（2）代式（1），得
$$\frac{\partial u}{\partial x}(4u^2+1)=0$$

因为 $4u^2+1\neq 0$，故 $\frac{\partial u}{\partial x}=0$. 由式（2）又知 $\frac{\partial u}{\partial y}=0$. 从而得知 $u=c_1$（常数）.

于是
$$f(z) = u + iv = c_1 + ic_1^2$$

(二)(20 分)

1.(8 分) 计算 $\int_C \operatorname{Re} z \, dz$,其中 C 是由 0 到 $2+i$ 的直线段.

解 直线段 C 可由关系式
$$y = \frac{1}{2}x \quad (0 \leqslant x \leqslant 2)$$
表示,于是所求积分是
$$\int_C \operatorname{Re} z \, dz = \int_C x \, dx + ix \, dy$$
$$\int_0^2 x \, dx + \frac{i}{2} \int_0^2 x \, dx = 2 + i$$

2.(12 分) 计算 $\int_C \frac{e^z}{z(1-z)^3} dz$,其中 C 是不经过 0 与 1 的闭光滑曲线.

解 取充分小的正数 ρ_1, ρ_2,使得两曲线 $C_1: |z|=\rho_1$ 和 $C_2: |z-1|=\rho_2$ 都在 C 内且互不相交,则
$$\int_C \frac{e^z}{z(1-z)^3} dz = \int_{C_1} \frac{e^z}{z(1-z)^3} dz + \int_{C_2} \frac{e^z}{z(1-z)^3} dz =$$
$$2\pi i \frac{e^z}{(1-z)^3}\bigg|_{z=0} + \frac{2\pi i}{2!}\left(-\frac{e^z}{z}\right)''\bigg|_{z=1} =$$
$$2\pi i \left(1 - \frac{e}{2}\right)$$

(三)(15 分)

求下列函数的奇点,并确定它们的类型(包括无穷远点):

1.(6 分) $f(z) = \frac{\sin z}{z^4}$.

解 $z=0$ 为 $f(z) = \frac{\sin z}{z^4}$ 的三级极点,无穷远点 $z=\infty$ 则是它的本性奇点.

2.(9 分) $f(z) = \frac{1}{e^z - 1} \cdot \frac{1}{z}$.

解 因为
$$e^z - 1 = z + \frac{z^2}{2!} + \cdots \quad (|z| < \infty)$$
所以 $z=0$ 是 $(e^z-1)z$ 的二级零点,因而 $z=0$ 是 $f(z) = \frac{1}{e^z-1} \cdot \frac{1}{z}$ 的二级极

点.

$z = 2n\pi i (n = \pm 1, \pm 2, \cdots)$ 是 $e^z - 1$ 的一级零点，从而也是 $(e^z - 1)z$ 的一级零点，故 $z = 2n\pi i (n = \pm 1, \pm 2, \cdots)$ 是 $f(z) = \dfrac{1}{e^z - 1} \cdot \dfrac{1}{z}$ 的一级极点.

这样，无穷远点 $z = \infty$ 便是 $f(z) = \dfrac{1}{e^z - 1} \cdot \dfrac{1}{z}$ 的非孤立奇点.

(四)(15 分)

1.(7 分) 函数 $w = \dfrac{i}{z}$ 把区域 $\mathrm{Re}\, z > 0, 0 < \mathrm{Im}\, z < 1$ 映成什么点集？

解 先考虑在变换 $\zeta = \dfrac{1}{z}$ 下半带形区域：$\mathrm{Re}\, z > 0, 0 < \mathrm{Im}\, z < 1$ 变成 ζ 平面上的什么点集.

现考察上述半带形域的边界.将其分为三部分：$L_1: y = 0, 0 < x < \infty$；$L_2: x = 0, 0 \leqslant y \leqslant 1$；$L_3: y = 1, 0 < x < \infty$.

令

$$\zeta = \xi + \eta i = \frac{1}{z} = \frac{x}{x^2 + y^2} - \frac{iy}{x^2 + y^2}$$

故

$$\xi = \frac{x}{x^2 + y^2}, \quad \eta = -\frac{y}{x^2 + y^2}$$

由此可知，L_1 在变换 $\zeta = \dfrac{1}{z}$ 下变为

$$L_1: \eta = 0 \quad (0 < \xi < \infty)$$

L_2 在变换 $\xi = \dfrac{1}{z}$ 下变为

$$L_2: \xi = 0 \quad (-\infty \leqslant \eta \leqslant -1)$$

L_3 在变换 $\zeta = \dfrac{1}{z}$ 下变为半圆周

$$L_3: \xi^2 + \left(\eta + \frac{1}{2}\right)^2 = \frac{1}{4} \quad (\xi > 0)$$

因此，在变换 $\zeta = \dfrac{1}{z}$ 下，半带形域：$\mathrm{Re}\, z > 0, 0 < \mathrm{Im}\, z < 1$ 变成 ζ 平面上的除去了半圆

$$\xi^2 + \left(\eta + \frac{1}{2}\right)^2 < \frac{1}{4} \quad (\xi > 0)$$

的第四象限.

所以,在变换 $w=\mathrm{i}\zeta=\dfrac{\mathrm{i}}{z}$ 之下,半带形域 $\operatorname{Re} z>0, 0<\operatorname{Im} z<1$ 映成为 z 平面上第一象限除去半圆

$$x^2+\left(y-\frac{1}{2}\right)^2<\frac{1}{4} \quad (x>0)$$

的部分.

2. 求把区域: $|z|<2, |z-1|>1$ 映照到上半平面的保形变换 $w=f(z)$.

解 在变换 $\zeta_1=\dfrac{1}{z-2}$ 之下,月牙形区域

$$|z|<2, |z-1|>1$$

映成带形区域 D_1,有

$$-\frac{1}{2}<\operatorname{Re}\zeta_1<-\frac{1}{4}, -\infty<\operatorname{Im}\zeta_1<+\infty$$

在变换 $\zeta_2=\mathrm{i}\left(\zeta_1+\dfrac{1}{2}\right)$ 之下,D_1 映为如下的带形区域 D_2,有

$$0<\operatorname{Im}\zeta_2<\frac{1}{4}, -\infty<\operatorname{Re}\zeta_2<+\infty$$

在变换 $w=\mathrm{e}^{4\pi\zeta_2}$ 之下,带形域 D_2 就映成为 w 平面上的上半平面.因此,所求的保形变换是

$$w=\mathrm{e}^{2\pi\mathrm{i}\frac{z}{z-2}}$$

(五)(15 分)

1. (7 分) 等式 $a^b \cdot a^c = a^{b+c}$ 是否成立? 说明理由.

解 $a^b \cdot a^c = a^{b+c}$ 一般是不成立的,例如

$$(-1)^{\frac{1}{2}}(-1)^{\frac{1}{2}}=(-1)^{\frac{1}{2}+\frac{1}{2}}$$

并不成立,因为其右端等于 -1,而左端则可取两个值: -1 和 $+1$.

2. (8 分) 设 $f(z)=\sqrt[3]{(1-z)z^2}$,求它的支点,并求出在点 $z=2$ 取负值的那个分支在 $z=\mathrm{i}$ 的值.

解 0 和 1 是两个支点(∞ 不是支点).

当 z 由点 $z=2$ 绕 $z=0$ 沿逆时针变到点 $z=\mathrm{i}$ 时,$1-z$ 的辐角获得增量 $\dfrac{3}{4}\pi$,z^2 的辐角获得增量 $2\cdot\dfrac{\pi}{2}=\pi$.因此 $(1-z)z^2$ 的辐角获得增量 $\dfrac{7}{4}\pi$,又因有

$$|(1-\mathrm{i})\mathrm{i}^2|=\sqrt{2}$$

故在所指定的那个分支,函数 $f(z)=\sqrt[3]{(1-z)z^2}$ 在 $z=\mathrm{i}$ 的值应是

$$f(\mathrm{i}) = \sqrt[6]{2}\,\mathrm{e}^{\mathrm{i}\pi} \cdot \mathrm{e}^{\mathrm{i}\frac{1}{3}\cdot\frac{7}{4}\pi} = \sqrt[6]{2}\,\mathrm{e}^{\mathrm{i}\frac{19}{12}\pi}$$

(六)(15 分)

1. 设 $f(z)$ 是单连通区域 D 内的非常数的解析函数,C 是 D 内的任意一条光滑闭曲线,试证明曲线 C 内只能包含方程 $f(z)=a$(a 为常数)的有限多个根.

证 已设 $f(z)$ 在 D 内解析且不是常数.

如果方程 $f(z)=a$ 在 C 内有无穷多个根,则在以 C 为边界的闭区域 D_c 上必有这无穷多个根的极限点(波尔查诺 — 维尔斯特拉斯 (Bolzano-weierstrass) 定理),因而这无穷多个点在 $D(\supset D_c)$ 内有极限点. 故由解析函数的唯一性定理可知,$f(z)=a$ 在整个区域 D 上成立. 然而这与 $f(z)$ 不是常数相矛盾. 证毕.

2. 若点 z_0 是圆 $|z|=1$ 上的一点,且 z_0 是 $f(z)$ 的简单极点(即一级极点). 除 z_0 外,$f(z)$ 在 $|z|\leqslant 1$ 上解析,并设

$$f(z) = \sum_{n=0}^{\infty} a_n z^n \quad (|z|<1)$$

求 $\lim\limits_{n\to\infty}\dfrac{a_n}{a_{n-1}}$.

解 因 $f(z)$ 在 $|z|\leqslant 1$ 上仅以点 z_0 为一级极点,故有下式成立

$$f(z) = \frac{c_0}{z-z_0} + g(z)$$

其中 c_0 是常数,$g(z)$ 于 $|z|\leqslant 1$ 上解析. 故有 $\delta>0$,使得 $g(z)$ 在 $|z|<1+\delta$ 内解析.

于是得

$$\frac{c_0}{z-z_0} = -\frac{c_0}{z_0}\sum_{n=0}^{\infty}\left(\frac{z}{z_0}\right)^n \quad (|z|<|z_0|=1)$$

$$g(z) = \sum_{n=0}^{\infty} b_n z^n \quad (|z|<1+\delta)$$

$$b_n = \frac{g^{(n)}(0)}{n!} \quad (n=0,1,2,\cdots)$$

据假设,在 $|z|<1$ 内有

$$\sum_{n=0}^{\infty} a_n z^n = -\frac{c_0}{z_0}\sum_{n=0}^{\infty}\left(\frac{z}{z_0}\right)^n + \sum_{n=0}^{\infty} b_n z^n$$

这样就得

$$a_n = -\frac{c_0}{z_0^{n+1}} + b_n \quad (n=0,1,2,\cdots)$$

于是有
$$\frac{a_n}{a_{n-1}} = \frac{-\frac{c_0}{z_0^{n+1}} + b_n}{-\frac{c_0}{z_0^n} + b_{n-1}} = \frac{-\frac{c_0}{z_0} + b_n z_0^n}{-c_0 + b_{n-1} z_0^{n-1} \cdot z_0}$$

因为 $b_n z_0^n$ 是一收敛级数的一般项,故
$$\lim_{n \to \infty} b_n z_0^n = 0$$

因而最后得到
$$\lim_{n \to \infty} \frac{a_n}{a_{n-1}} = \frac{1}{z_0}$$

武汉大学1979年研究生入学考试复变函数试题解

1. 设 u 及 v 是解析函数 $f(Z)$ 的实部及虚部,且 $u - v = (x+y)(x^2 - 4xy + y^2)$,$Z = x + iy$,求 $f(Z)$.

解 将等式 $u - v = (x+y)(x^2 - 4xy + y^2)$ 分别对 x 及 y 微分,得到

$$u_x - v_x = (x^2 - 4xy + y^2) + (x+y)(2x - 4y) \tag{1}$$

$$u_y - v_y = (x^2 - 4xy + y^2) + (x+y)(-4x + 2y) \tag{2}$$

由式(1)与(2)相加得
$$2u_y = 2(x^2 - 4xy + y^2) - 2(x+y)^2 = -12xy$$

或
$$u_y = -6xy$$

此处用到了柯西—黎曼条件,再由 $u_y = -6xy$ 得
$$u = -3xy^2 + \varphi(x)$$

从而有
$$u_x = -3y^2 + \varphi'(x) \tag{3}$$

又由式(1)与(2)相减得(此处亦利用到柯西—黎曼条件)
$$2u_x = 6(x^2 - y^2) \text{ 或 } u_x = 3(x^2 - y^2) \tag{4}$$

比较式(3)与(4)即知
$$\varphi'(x) = 3x^2$$

从而得
$$u = -3xy^2 + x^3 + c$$

这样就容易算出
$$v = 3x^2 y - y^3$$

最后就得

$$f(Z) = Z^3 + c$$

2. 设 $f(Z)$ 在圆盘 $|Z| < p$ 内解析,若 $0 < r < p$,我们有

$$\lim_{\substack{h \to 0 \\ |h| < p-r}} \frac{f(Z+h) - f(Z)}{h} = f'(Z)$$

对于 $|Z| \leqslant r$ 一致成立. 证明这一结果.

证 记 $\lambda = \dfrac{p-r}{2}$. 显然,$f(Z)$,$f(Z+h)$ 和 $f'(Z)$ 都是 $|Z| \leqslant r+\lambda$ 上解析的函数,$|h| < \dfrac{\lambda}{2}$,于是

$$\frac{f(Z+h) - f(Z)}{h} - f'(Z) =$$

$$\frac{1}{2\pi i h} \int_{|s|=r+\lambda} \left[\frac{f(s)}{s-Z-h} - \frac{f(s)}{s-Z} \right] ds - \frac{1}{2\pi i} \int_{|s|=r+\lambda} \frac{f(s)}{(s-Z)^2} ds =$$

$$\frac{1}{2\pi i} \int_{|s|=r+\lambda} \left[\frac{f(s)}{(s-Z)(s-Z-h)} - \frac{f(s)}{(s-Z)^2} \right] ds =$$

$$\frac{1}{2\pi i} \int_{|s|=r+\lambda} \frac{h f(s)}{(s-Z)^2 (s-Z-h)} ds$$

今记 $M = \max\limits_{|s|=r+\lambda} |f(s)|$. 则当 $|Z| \leqslant r$ 时有

$$\left| \frac{f(Z+h) - f(Z)}{h} - f'(Z) \right| \leqslant \frac{M(r+\lambda)}{\lambda^2 \cdot \dfrac{\lambda}{2}} \cdot |h|$$

上式右端已与 Z 无关,而只要 $|h| < \min\left(\dfrac{\lambda}{2}, \dfrac{\lambda^3 \varepsilon}{2M(\lambda+r)}\right)$,就有

$\left| \dfrac{f(Z+h) - f(Z)}{h} - f'(Z) \right| < \varepsilon$. 故下式在 $|Z| \leqslant r$ 上一致成立

$$\lim_{\substack{h \to 0 \\ |h| < p-r}} \frac{f(Z+h) - f(Z)}{h} = f'(Z)$$

3. 设 $\{a_n\}$ $(n=1,2,\cdots)$ 是一个收敛于 a 的复数序列,$\sum\limits_{n=1}^{\infty} p_n$ 是一个发散正项级数,求证

$$\lim_{n \to +\infty} \frac{p_1 a_1 + p_2 a_2 + \cdots + p_n a_n}{p_1 + p_2 + \cdots + p_n} = a$$

证 记 $\operatorname{Re} a = b$,$\operatorname{Im} a = c$,$\operatorname{Re} a_k = b_k$,$\operatorname{Im} a_k = c_k$,$k=1,2,\cdots,n$. 那么只要证明

$$\lim_{h \to \infty} \frac{p_1 b_1 + p_2 b_2 + \cdots + p_n b_n}{p_1 + p_2 + \cdots + p_n} = b \tag{5}$$

和

$$\lim_{n\to\infty}\frac{p_1c_1+p_2c_2+\cdots+p_nc_n}{p_1+p_2+\cdots+p_n}=c \tag{6}$$

就行了,式(5)与(6)的证明是相同的,我们只在条件 $\lim\limits_{n\to\infty}b_n=b$ 下证明式(5).

任给 $\varepsilon>0$,存在 $N>0$,当 $n>N$ 时,有
$$b-\varepsilon<b_n<b+\varepsilon$$

于是就有
$$(p_{N+1}+p_{N+2}+\cdots+p_n)(b-\varepsilon)<$$
$$p_{N+1}b_{N+1}+p_{N+2}b_{N+2}+\cdots+p_nb_n<$$
$$(p_{N+1}+p_{N+2}+\cdots+p_n)(b+\varepsilon)$$

因而得到
$$\frac{p_{N+1}+p_{N+2}+\cdots+p_n}{p_1+p_2+\cdots+p_n}(b-\varepsilon)<$$
$$\frac{p_{N+1}b_{N+1}+p_{N+2}b_{N+2}+\cdots+p_nb_n}{p_1+p_2+\cdots+p_n}<$$
$$\frac{p_{N+1}+p_{N+2}+\cdots+p_n}{p_1+p_2+\cdots+p_n}(b+\varepsilon) \tag{7}$$

注意到 N 在此乃一定数,且 $\sum\limits_{n=1}^{\infty}p_n$ 发散,故知
$$\lim_{n\to\infty}\frac{p_{N+1}+p_{N+2}+\cdots+p_n}{p_1+p_2+\cdots+p_n}=1$$
$$\lim_{n\to\infty}\frac{p_{N+1}b_{N+1}+p_{N+2}b_{N+2}+\cdots+p_nb_n}{p_1+p_2+\cdots+p_n}=$$
$$\lim_{n\to\infty}\frac{p_1b_1+p_2b_2+\cdots+p_nb_n}{p_1+p_2+\cdots+p_n}$$

由于 ε 的任意性,我们立即从式(7)得到
$$\lim_{n\to\infty}\frac{p_1b_1+p_2b_2+\cdots+p_nb_n}{p_1+p_2+\cdots+p_n}=b$$

4. 求积分
$$\int_C\frac{\mathrm{d}z}{\sqrt{z^2+z+1}}$$

这里 C 表示圆 $|z|=2$,积分是从 $z=2$ 按反时针方向取的,并且 $\sqrt{z^2+z+1}$ 在 $z=2$ 的起始值是 $\sqrt{7}$.

解 记 z^2+z+1 的两个零点为
$$W_1=\mathrm{e}^{\mathrm{i}\frac{2\pi}{3}},\quad W_2=\mathrm{e}^{\mathrm{i}\frac{4\pi}{3}}$$

现作以 W_1 和 W_2 为起始点的圆弧 $\Gamma:|z|=1,\dfrac{2\pi}{3}\leqslant\arg z\leqslant\dfrac{4\pi}{3}$.

又分别以 W_1 和 W_2 为中心作小圆 $\Gamma_r^{(1)}$ 和 $\Gamma_r^{(2)}$，$r<1$.

今用圆弧 Γ 作支割线，Γ 的右岸分别与 $\Gamma_r^{(1)}$ 和 $\Gamma_r^{(2)}$ 交于点 A,B，Γ 的左岸分别与 $\Gamma_r^{(1)}$ 和 $\Gamma_r^{(2)}$ 交于点 A' 和 B'. 这样，$\Gamma_r^{(1)}$，$\Gamma_r^{(2)}$ 和弧 $\widehat{A'B'}$、$\widehat{BA}$ 形成一闭路，记之为 L，则

$$\int_C = \int_L$$

又

$$\int_L = \int_{\Gamma_r^{(1)}} + \int_{\Gamma_r^{(2)}} + \int_{\widehat{A'B'}} + \int_{\widehat{BA}}$$

因为

$$(z-W_1)\cdot \frac{1}{\sqrt{z^2+z+1}} \to 0 \quad (z\to W_1)$$

$$(z-W_2)\cdot \frac{1}{\sqrt{z^2+z+1}} \to 0 \quad (z\to W_2)$$

所以

$$\lim_{r\to 0}\int_{\Gamma_r^{(1)}} = \lim_{r\to 0}\int_{\Gamma_r^{(2)}} = 0$$

又易知

$$\int_{\widehat{A'B'}} = \int_{\widehat{AB}} = \int_{\frac{2\pi}{3}}^{\frac{4\pi}{3}} \frac{1}{\sqrt{e^{i2\theta}+e^{i\theta}+1}}ie^{i\theta}d\theta$$

故得

$$\int_C \frac{1}{\sqrt{z^2+z+1}}dz = 2\pi i$$

此题的另一解法

注意到无穷远点并非函数 $\dfrac{1}{\sqrt{z^2+z+1}}$ 的支点，因此，积分

$$\frac{1}{2\pi i}\int_{C^-} \frac{1}{\sqrt{z^2+z+1}}dz$$

实际上是函数 $\dfrac{1}{\sqrt{z^2+z+1}}$ 在点 ∞ 的残数.

然而，我们有

$$\frac{1}{\sqrt{z^2+z+1}} = \frac{1}{z}\left(1+\frac{1}{z}+\frac{1}{z^2}\right)^{-\frac{1}{2}}$$

因而，在 ∞ 的领域内

$$\frac{1}{\sqrt{z^2+z+1}} = \frac{1}{z}\left[1 - \frac{1}{2}\left(\frac{1}{z}+\frac{1}{z^2}\right) + \cdots\right]$$

故可知 $\dfrac{1}{\sqrt{z^2+z+1}}$ 在 ∞ 处的罗朗展式中 $\dfrac{1}{z}$ 项的系数是 1,在 ∞ 处的残数就是 -1. 因此

$$\int_C \frac{1}{\sqrt{z^2+z+1}}\mathrm{d}z = -2\pi\mathrm{i}\left(\frac{1}{2\pi\mathrm{i}}\int_{C^-}\frac{1}{\sqrt{z^2+z+1}}\mathrm{d}z\right) = 2\pi\mathrm{i}$$

5. 试作一保形映照,把 z 平面上的带形 $0 < \mathrm{Im}\, z < 2\pi$ 映照成 W 平面上的单位圆盘 $|W| < 1$,并把 $z = \mathrm{i}$ 映照成 $W = 0$.

解 映照 $s_1 = \mathrm{e}^z$ 将带形域 $0 < \mathrm{Im}\, z < 2\pi$ 映为沿正实轴割开了的整个 s_1 平面.

映照 $s_2 = \sqrt{s_1}$ 将沿正实轴割开了的 ε_1 平面映为 s_2 平面的上半面.

于是映照 $W = \mathrm{e}^{\mathrm{i}\beta}\dfrac{s_2 - a}{s_2 - \bar{a}}\ (\mathrm{Im}\, a > 0)$ 映为 W 平面上的单位圆盘 $|W| < 1$.

今有

$$W = \mathrm{e}^{\mathrm{i}\beta}\frac{\mathrm{e}^{\frac{z}{2}} - a}{\mathrm{e}^{\frac{z}{2}} - \bar{a}}$$

为使 $z = \mathrm{i}$ 映照为 $W = 0$,只要取

$$a = \mathrm{e}^{\frac{\mathrm{i}}{2}}$$

就行了, β 是实参数.

兰州大学 1979 年研究生入学考试 复变函数试题解

1. 求出下列各表达式之值:

(1) $\mathrm{e}^{1+\pi\mathrm{i}}$; (2) $\cos(\mathrm{i}\ln 5)$; (3) $\mathrm{ch}\dfrac{\pi\mathrm{i}}{4}$; (4) $\ln \mathrm{i}$.

解 (1) $\mathrm{e}^{1+\pi\mathrm{i}} = \mathrm{e}\cdot\mathrm{e}^{\pi\mathrm{i}} = -\mathrm{e}$;

(2) $\cos(\mathrm{i}\ln 5) = \dfrac{\mathrm{e}^{\mathrm{i}(\mathrm{i}\ln 5)} + \mathrm{e}^{-\mathrm{i}(\mathrm{i}\ln 5)}}{2} = \dfrac{\mathrm{e}^{\ln 5} + \mathrm{e}^{-\ln 5}}{2} = \dfrac{1}{2}\left(5 + \dfrac{1}{5}\right) = \dfrac{13}{5}$;

(3) $\dfrac{\mathrm{ch}\,\pi\mathrm{i}}{4} = \dfrac{\mathrm{e}^{\frac{\pi\mathrm{i}}{4}} + \mathrm{e}^{-\frac{\pi\mathrm{i}}{4}}}{2} = \dfrac{\sqrt{2}}{2}$;

(4) $\ln \mathrm{i} = \ln|\mathrm{i}| + \mathrm{i}\mathrm{Arg}\,\mathrm{i} = \left(\dfrac{\pi}{2} + 2k\pi\right)\mathrm{i}, k = 0, \pm 1, \pm 2, \cdots$

2. 设 $z = x + \mathrm{i}y, f(z) = \left(x\mathrm{e}^x\cos y - y\mathrm{e}^x\sin y + \dfrac{x}{x^2+y^2}\right) +$

$i\left(x e^x \sin y + y e^x \cos y - \dfrac{y}{x^2+y^2}\right)$. 问 $f(z)$ 在哪几点对 z 可导？求出 $f'(z)$.

解 现记 $u = \operatorname{Re} f, v = \operatorname{Im} f$，则

$$u_x = (x+1)e^x \cos y - y e^x \sin y - \dfrac{x^2-y^2}{(x^2+y^2)^2}$$

$$v_x = (x+1)e^x \sin y + y e^x \cos y + \dfrac{2xy}{(x^2+y^2)^2}$$

$$u_y = -x e^x \sin y - e^x \sin y - y e^x \cos y - \dfrac{2xy}{(x^2+y^2)^2}$$

$$v_y = x e^x \cos y + e^x \cos y - y e^x \sin y - \dfrac{x^2-y^2}{(x^2+y^2)^2}$$

所以，当 $x^2+y^2 \neq 0$ 时，$u_x = v_y, u_y = -v_x$，即柯西－黎曼条件成立，且 u_x, u_y，v_x, v_y 在 $x^2+y^2 \neq 0$ 的点都连续. 因而可断言，$f(z)$ 在 $z \neq 0$ 的点可导.

实际上，不难看出

$$f(z) = z e^z + \dfrac{1}{z}$$

从而，当 $z \neq 0$ 时，有

$$f'(z) = (z+1)e^z - \dfrac{1}{z^2}$$

3. 设 L 表示以原点为中心的正向单位圆周，求出下列积分之值：

(1) $\displaystyle\int_L \dfrac{e^z \sin z}{(z-2)^3} dz$；(2) $\displaystyle\int_L z^{-2} \operatorname{sh} z \, dz$；(3) $\displaystyle\int_L \ln\left|\dfrac{z-\pi}{\pi z}\right| dz$；(4) $\displaystyle\int_L \dfrac{z}{z-1} dz$.

解 (1) 因为 $\dfrac{e^z \sin z}{(z-2)^3}$ 在 $|z| \leq 1$ 上解析，故

$$\int_L \dfrac{e^z \sin z}{(z-2)^3} dz = 0$$

(2) $\displaystyle\int_L z^{-2} \operatorname{sh} z \, dz = 2\pi i (\operatorname{sh} z)' \Big|_{z=0} = 2\pi i \cdot \operatorname{ch} 0 = 2\pi i.$

(3) $\displaystyle\int_L \ln\left|\dfrac{z-\pi}{\pi z}\right| |dz| = \int_L \ln|z-\pi| |dz| - \int_L \ln|\pi z| |dz| =$

$$\int_0^{2\pi} \ln[(\cos\theta - \pi)^2 + \sin^2\theta]^{\frac{1}{2}} d\theta - 2\pi \ln \pi =$$

$$\dfrac{1}{2}\int_0^{2\pi} \ln(1 - 2\pi\cos\theta + \pi^2) d\theta - 2\pi \ln \pi =$$

$$\dfrac{1}{2} \cdot 2\pi \ln \pi^2 - 2\pi \ln \pi = 0$$

(4) $\displaystyle\int_L \dfrac{z}{z-1} dz$，此乃柯西型积分之极限值

$$\int_L \frac{z}{z-1}\mathrm{d}z = \frac{1}{2}(2\pi\mathrm{i}+0) = \pi\mathrm{i}$$

4. 设新月形区域 D 为上半平面上以 $|z|=1$ 和 $|z+\mathrm{i}|=\sqrt{2}$ 为边界的有限部分,求出将 D 保角映射到单位圆域的映射函数.

解 区域 D 是由交点为 $z=-1$ 和 $z=1$ 的两曲线段围成的月形区域. 因而在变换

$$s_1 = \frac{z-1}{z+1}$$

之下,D 变为 s_1 平面上的一个张角为 $\frac{\pi}{4}$ 的角形域 D_1,此角形域 D_1 的始边在虚轴的正向,顶点在原点,因而,在变换

$$s_2 = -\mathrm{i}s_1$$

之下,D_1 变换为 s_2 平面上的一张角为 $\frac{\pi}{4}$ 的角形域 D_2,其始边在实轴正向,又作变换

$$s_3 = s_2^4$$

D_2 就变为 s_3 平面上的上半平面 D_3.

于是,变换

$$W = \mathrm{e}^{\mathrm{i}\beta}\frac{s_3 - a}{s_3 - \bar{a}},\ \mathrm{Im}\, a > 0$$

将 D_3 变为 W 平面上的单位圆 $|W|<1$,故变换

$$W = \mathrm{e}^{\mathrm{i}\beta}\frac{\left(-\mathrm{i}\dfrac{z-1}{z+1}\right)^4 - a}{\left(-\mathrm{i}\dfrac{z-1}{z+1}\right)^4 - \bar{a}} =$$

$$\mathrm{e}^{\mathrm{i}\beta}\frac{(z-1)^4 - a(z+1)^4}{(z-1)^4 - \bar{a}(z+1)^4}$$

即为所求之映射函数,其中 β 和 a 是参数,且 β 为实数,$\mathrm{Im}\, a > 0$.

5. 设 L 为逐段光滑的闭曲线,$\varphi(\zeta)$ 在 L 上连续,证明

$$f(Z) = \frac{1}{2\pi\mathrm{i}}\int_L \frac{\varphi(\zeta)}{\zeta - Z}\mathrm{d}\zeta$$

在 L 内和 L 外解析.

证 记 $M = \max\limits_{z \in L}\varphi(Z)$,$2d > 0$ 为 L 外一点 Z 到 L 的距离,取 h,使得 $|h|<d$,则

$$\frac{f(Z+h)-f(Z)}{h} = \frac{1}{h}\left[\frac{1}{2\pi\mathrm{i}}\int_L \frac{\varphi(\zeta)\mathrm{d}\zeta}{\zeta - z - h} - \frac{1}{2\pi\mathrm{i}}\int_L \frac{\varphi(\zeta)}{\zeta - Z}\mathrm{d}s\right] =$$

$$\frac{1}{2\pi i}\int_L \frac{\varphi(\zeta)}{(\zeta-Z-h)(\zeta-Z)}ds$$

故有

$$\left|\frac{f(Z+h)-f(Z)}{h}-\frac{1}{2\pi i}\int_L \frac{\varphi(\zeta)}{(\zeta-Z)^2}d\zeta\right|=$$

$$\left|\frac{1}{2\pi i}\int_L \frac{h\varphi(\zeta)}{(\zeta-Z-h)(\zeta-Z)^2}d\zeta\right|\leqslant$$

$$\frac{|h|}{2\pi}\int_L \frac{M}{|\zeta-Z-h|\cdot|\zeta-Z|^2}|d\zeta|\leqslant$$

$$\frac{|h|ML}{2\pi d^3}$$

其中 L 表示曲线 L 的长. 可见, $f'(Z)$ 在点 Z 存在, 且

$$f'(Z)=\frac{1}{2\pi i}\int_L \frac{\varphi(\zeta)}{(\zeta-Z)^2}d\zeta$$

由于 $Z(\in L)$ 的任意性, 这就证明了函数 $f(Z)=\dfrac{1}{2\pi i}\int_L \dfrac{\varphi(\zeta)}{\zeta-Z}d\zeta$ 在 L 内和 L 外是解析的.

北京大学 1963 年研究生入学考试复变函数试题解

(导师:徐献瑜)

一、试述并证明解析函数的唯一性定理.

解析函数的唯一性定理:若函数 $f_1(z)$ 与 $f_2(z)$ 同在区域 D 内解析, 且在 D 内一无穷点集 E 上等值, 这无穷点集在 D 内又至少有一聚点, 则在 D 内有 $f_1(z)\equiv f_2(z)$.

先设 D 为以点 a 为中心的圆域, 而点 a 是题设中无穷集 E 的一个聚点.

因为 $f_1(z)$ 与 $f_2(z)$ 在点 a 解析, 故它们都可在点 a 展开成泰勒级数, 并且级数的收敛域就是 D, 即在 D 内成立着以下关系式

$$f_1(z)=c_0+c_1(z-a)+c_2(z-a)^2+\cdots$$
$$f_2(z)=c'_0+c'_1(z-a)+c'_2(z-a)^2+\cdots$$

为证明在 D 内 $f_1(z)\equiv f_2(z)$, 只要证明对任何非负整数 n, 都有 $c_n=c'_n$ 即可.

由于 a 乃集 E 之聚点, 故可取 $z_k\in E$, 而

$$\lim_{k\to\infty}z_k=a$$

因 $f_1(z)$ 与 $f_2(z)$ 均于点 a 连续, $f_1(z_k)=f_2(z_k)$, $k=1,2,\cdots$, 从而 $f_1(a)=f_2(a)$, 亦即 $c_0=c'_0$.

现考虑函数

$$\varphi_1(z) = \frac{f_1(z) - c_0}{z - a} = c_1 + c_2(z-a) + c_3(z-a)^2 + \cdots$$

$$\varphi_1(a) = c_1$$

$$\varphi_2(z) = \frac{f_2(z) - c'_0}{z - a} = c'_1 + c'_2(z-a) + c'_3(z-a)^2 + \cdots$$

$$\varphi_2(a) = c'_1$$

由于 $\varphi_1(z)$ 与 $\varphi_2(z)$ 于点 a 连续,且 $\varphi_1(z_k) = \varphi_2(z_k)$(我们可要求 $z_k \neq a$),于是 $\varphi_1(a) = \varphi_2(a)$,亦即 $c_1 = c'_1$,仿此可证 $c_2 = c'_2, \cdots, c_n = c'_n, \cdots$

然后,再通过所谓的圆链法将上述对圆证明的结果推广到一般区域上去.

二、试述并证明维尔斯特拉斯(Weierstrass)关于本性奇点的定理.

维尔斯特拉斯关于本性奇点的定理:若点 a 是函数 $f(z)$ 的一个本性奇点,则对任何复数 $A(A$ 可为 $\infty)$,必存在点列 $z_1, z_2, \cdots, z_k, \cdots$,使得

$$\lim_{k \to \infty} z_k = a$$

且

$$\lim_{k \to \infty} f(z_k) = A$$

本定理之证明请见本书之正文.

三、求在上半圆的单叶解析函数映半圆为单位圆.

解 考虑函数

$$\zeta_1 = \frac{z-1}{z+1}$$

它将 z 平面上的半圆 $|z| < 1, \text{Im } z > 0$ 映为 ζ_1 平面上的一个角形区域,其始边在上半虚轴,夹角 $90°$,即第二象限.因此,函数

$$\zeta_2 = -\zeta_1^2$$

将 ζ_1 平面上的第二象限映为 ζ_2 平面的上半平面.又函数

$$W = e^{i\beta} \frac{\zeta_2 - a}{\zeta_2 - \bar{a}}, \quad \text{Im } a > 0$$

将 ζ_2 平面的上半平面映为 W 平面上的单位圆 $|W| < 1$,于是所求之单叶解析函数是

$$W = e^{i\beta} \frac{-\left(\frac{z-1}{z+1}\right)^2 - a}{-\left(\frac{z-1}{z+1}\right)^2 - \bar{a}} =$$

$$e^{i\beta} \frac{(z-1)^2 + a(z+1)^2}{(z-1)^2 + \bar{a}(z+1)^2}$$

其中 β 为实参数,$\text{Im } a > 0$.

四、用留数计算 $I = \int_0^\infty \dfrac{x^{-h}}{(1+x)^2} \mathrm{d}x$.

解 现考虑函数 $f(z) = \dfrac{z^{-h}}{(1+z)^2}$,因 $z^{-h} = \mathrm{e}^{h\ln z}$,故此乃一多值函数,其支点为 0 和 ∞.

今沿正实轴割开 z 平面. 作圆 $C_R: z = R\mathrm{e}^{i\theta}, R > 1, 0 \leqslant \theta \leqslant 2\pi$,此圆与正实轴上沿的交点记为 B,与下沿的交点记为 B',又作圆 $C_r: z = r\mathrm{e}^{i\theta}, r < 1, 0 \leqslant \theta \leqslant 2\pi$,此圆与正实轴上沿交于点 A,与下沿交于点 A'. 则由 $C_R, B'A', C_r^-$ 和 AB 围成一区域,$f(z)$ 在此区间内仅以点 $z = -1$ 为二级极点.

记 $C_R, B'A', C_r^-$ 和 AB 围成的闭路为 C.

今计算 $f(z)$ 在点 $z = -1$ 的留数

$$\mathrm{Res}(f, -1) = \lim_{z \to -1}(z+1)^2 \frac{z^{-h}}{(z+1)^2} =$$

$$\lim_{\substack{l \to 1 \\ \theta \to \pi}} \mathrm{e}^{-h\ln p - hi\theta} = \mathrm{e}^{-ih\pi}$$

故有

$$\int_C \frac{z^{-h}}{(1+z)^2} \mathrm{d}z = 2\pi\mathrm{i}\mathrm{e}^{-ih\pi}$$

或者写为

$$\int_{C_R} + \int_{B'A'} + \int_{C_r^-} + \int_{AB} = \int_{C_R} + \int_{AB} - \int_{A'B'} - \int_{C_r} = 2\pi\mathrm{i}\mathrm{e}^{-ih\pi}$$

下面分别考虑积分 $\int_{C_R}, \int_{AB}, \int_{A'B'}, \int_{C_r}$.

① 在 AB 上,$z = x, r \leqslant x \leqslant R$,$\dfrac{z^{-h}}{(1+z)^2} = \dfrac{x^{-h}}{(1+x)^2}$,故

$$\int_{AB} = \int_r^R \frac{x^{-h}}{(1+x)^2} \mathrm{d}x \to \int_0^\infty \frac{x^{-h}}{(1+x)^2} \mathrm{d}x \quad (r \to 0, R \to \infty)$$

② 在 C_R 上,$z = R\mathrm{e}^{i\theta}, 0 \leqslant \theta \leqslant 2\pi$,又因

$$\left| z \frac{z^{-h}}{(1+z)^2} \right| = \left| R\mathrm{e}^{i\theta} \frac{\mathrm{e}^{-h(\ln R + i\theta)}}{(1+R\mathrm{e}^{i\theta})^2} \right| \leqslant R \frac{R^{-h}}{(R-1)_2} = \frac{R^{1-h}}{(R-1)^2}$$

而 $-1 < h < 1$,故 $0 < 1-h < 2$,因此,当 $R \to \infty$ 时

$$\left| z \frac{z^{-h}}{(1+z)^2} \right| \to 0$$

由此便知

$$\int_{C_R} \frac{z^{-h}}{(1+z)^2} \mathrm{d}z \to 0 \quad (R \to \infty)$$

③ 在 $A'B'$ 上,$z = x\mathrm{e}^{2\pi\mathrm{i}}, r \leqslant x \leqslant R$,因为此时

$$\frac{z^{-h}}{(1+z)^2} = \frac{e^{-h(\ln x + 2\pi i)}}{(1+x)^2} = \frac{x^{-h}}{(1+x)^2} e^{-2h\pi i}$$

所以有
$$\int_{A'B'} = e^{-2h\pi i} \int_r^R \frac{x^{-h}}{(1+x)^2} dx \to$$
$$e^{-2h\pi i} \int_0^\infty \frac{x^{-h}}{(1+x)^2} dx \quad (r \to 0, R \to \infty)$$

④ 在 C_r 上,$z = re^{i\theta}, 0 \leqslant \theta \leqslant 2\pi$,因为此时
$$\left| z \frac{z^{-h}}{(1+z)^2} \right| = \left| re^{i\theta} \frac{e^{-h(\ln r + i\theta)}}{(1+re^{i\theta})^2} \right| \leqslant r \frac{r^{-h}}{(1-r)^2} = \frac{r^{1-h}}{(1-r)^2}$$

又 $0 < 1-h$,故当 $r \to 0$ 时,$\left| z \frac{z^{-h}}{(1+z)^2} \right| \to 0$,由此便知
$$\int_r \frac{z^{-h}}{(1+z)^2} dz \to 0 \quad (当 r \to 0)$$

综上所述,由等式
$$\int_{C_R} + \int_{AB} - \int_{A'B'} - \int_{C_r} = 2\pi i e^{-i\pi h}$$

令 $r \to 0, R \to \infty$,即得
$$\int_0^\infty \frac{x^{-h}}{(1+x)^2} dx - e^{-2h\pi i} \int_0^\infty \frac{x^{-h}}{(1+x)^2} dx = 2\pi i e^{-h\pi i}$$

或者写为
$$I = \frac{2\pi i e^{-h\pi i}}{1 - e^{-2h\pi i}} = \frac{\pi}{\frac{e^{h\pi i} - e^{-h\pi i}}{2i}} = \frac{\pi}{\sin h\pi}$$

五、$f(z) = \dfrac{1}{z^2 - 2z + 2}$ 在 $z=0$ 解析,可展成 $f(z) = \sum\limits_{k=0}^\infty C_k z^k$,求 C_k 及收敛半径.

解 显然有
$$f(z) = \frac{1}{z^2 - 2z + 2} = \frac{1}{2i} \left(\frac{1}{z-(1+i)} - \frac{1}{z-(1-i)} \right) =$$
$$\frac{1}{2i} \left(\frac{1}{1-i} \cdot \frac{1}{1 - \frac{z}{1-i}} - \frac{1}{1+i} \cdot \frac{1}{1 - \frac{z}{1+i}} \right) =$$
$$\frac{1}{2i} \left(\frac{1}{1-i} \sum_{n=0}^\infty \left(\frac{z}{1-i} \right)^n - \frac{1}{1+i} \sum_{n=0}^\infty \left(\frac{z}{1+i} \right)^n \right) =$$
$$\frac{1}{2i} \sum_{n=0}^\infty \left[\frac{1}{(1-i)^{n+1}} - \frac{1}{(1+i)^{n+1}} \right] z^n =$$

$$\sum_{n=0}^{\infty} \frac{\sin\frac{(n+1)\pi}{4}}{2^{\frac{n+1}{2}}} z^n$$

故

$$C_k = \frac{\sin\frac{(k+1)\pi}{4}}{2^{\frac{k+1}{2}}}$$

因 $\overline{\lim_{k\to\infty}} \sqrt[k]{|C_k|} = \frac{1}{\sqrt{2}}$，故收敛半径等于 $\sqrt{2}$。此外，离 $z=0$ 最近的奇点 $1-i$ 和 $1+i$ 到点 $z=0$ 的距离都是 $\sqrt{2}$，由此亦可断定 $f(z)$ 在点 $z=0$ 的泰勒展式的收敛半径是 $\sqrt{2}$。

一份本科生复变函数试题解

1. 试求集 $0 \leqslant \mathrm{Re}(iz) < 5$ 的内点，外点，边界点和聚点。

解 集 $0 \leqslant \mathrm{Re}(iz) < 5$ 的内点的集合是 $0 < \mathrm{Re}(iz) < 5$ 或者写为 $-5 < y < 0$。

外点的集合是

$$-\infty < y < -5 \text{ 和 } 0 < y < +\infty$$

边界点的集合是

$$y = -5 \text{ 和 } y = 0$$

聚点的集合是

$$0 \leqslant \mathrm{Re}(iz) \leqslant 5 \text{ 或 } -5 \leqslant y \leqslant 0$$

2. 求证：z_1, z_2, z_3 是一个正三角形的三个顶点的充要条件是

$$z_1^2 + z_2^2 + z_3^2 = z_1 z_2 + z_2 z_3 + z_3 z_1$$

证 必要性。设以 z_1, z_2, z_3 为顶点的三角形是正三角形。
记

$$z_1 - z_2 = re^{i\theta}$$

则

$$z_2 - z_3 = re^{i\left(\theta + \frac{2\pi}{3}\right)}$$

$$z_3 - z_1 = re^{i\left(\theta + \frac{4\pi}{3}\right)}$$

于是

$$(z_1 - z_2)^2 + (z_2 - z_3)^2 + (z_3 - z_1)^2 =$$

$$r^2 \left[e^{i2\theta} + e^{i\left(2\theta + \frac{4\pi}{3}\right)} + e^{i\left(2\theta + \frac{8\pi}{3}\right)} \right] =$$

$$r^2 e^{i2\theta}(1+e^{i\frac{2\pi}{3}}+e^{i\frac{4\pi}{3}})=0$$

由上式即得
$$z_1^2+z_2^2+z_3^2-z_1z_2-z_2z_3-z_3z_1=0$$

充分性. 由等式
$$z_1^2+z_2^2+z_3^2=z_1z_2+z_2z_3+z_3z_1$$

可得
$$\frac{z_1-z_2}{z_2-z_3}=\frac{z_2-z_3}{z_3-z_1} \tag{1}$$

同理,有
$$\frac{z_2-z_3}{z_3-z_1}=\frac{z_3-z_1}{z_1-z_2} \tag{2}$$

式(1)与(2)即表明以 z_1, z_2, z_3 为顶点的三角形是一个正三角形.证毕.

3.下列函数在原点是否连续？为什么？

① $f(z)=\begin{cases} 0 & (若 z=0) \\ \dfrac{\bar{z}}{z} & (若 z\neq 0) \end{cases}$

② $g(z)=\begin{cases} 0 & (若 z=0) \\ \dfrac{(\text{Im } z)^2}{|z|} & (若 z\neq 0) \end{cases}$

解 ① 记 $z=re^{i\theta}$,则当 $z\neq 0$ 时
$$\frac{\bar{z}}{z}=e^{-i(\theta+\theta)}=e^{-2\theta i}$$

故当 z 沿方向 $\theta=0$ 而趋向原点时,$f(z)$ 以 1 为极限;当 z 沿方向 $\theta=\dfrac{\pi}{4}$ 而趋向原点时,$f(z)$ 以 $-i$ 为极限.因此,$f(z)$ 在原点无极限,更不连续,若仅判定 $f(z)$ 在点 $z=0$ 的连续性,则仅由
$$\lim_{\substack{z\to 0 \\ \text{Im } z=0}} f(z)=1\neq f(0)=0$$

就可知 $f(z)$ 于 $z=0$ 不连续.

② 注意到
$$\frac{(\text{Im } z)^2}{|z|}=\frac{y^2}{\sqrt{x^2+y^2}}\leqslant \frac{y^2}{\sqrt{y^2}}=|y|$$

便可得知
$$\lim_{z\to 0} g(z)=0=g(0)$$

故函数 $g(z)$ 在点 $z=0$ 连续.

4.求下列积分

① $\int_\Gamma \bar{z} dz$,其中 Γ 表示圆周 $|z|=1$,方向是逆钟向.

② $\int_0^{+\infty} \dfrac{\cos 5x}{1+x^2} dx$.

解 ① 在圆周 $|z|=1$ 上,
$$z = e^{i\theta}, \bar{z} = e^{-i\theta} \quad (0 \leqslant \theta \leqslant 2\pi)$$

于是有
$$\int_\Gamma \bar{z} dz = \int_0^{2\pi} e^{-i\theta} \cdot e^{i\theta} i d\theta = i\int_0^{2\pi} d\theta = 2\pi i$$

② $\int_0^{+\infty} \dfrac{\cos 5x}{1+x^2} dx = \dfrac{1}{2}\int_{-\infty}^{+\infty} \dfrac{\cos 5x}{1+x^2} dx = \dfrac{1}{2}\int_{-\infty}^{+\infty} \dfrac{e^{i5x}}{1+x^2} dx$

又 $\int_{-\infty}^{+\infty} \dfrac{e^{i5x}}{1+x^2} dx$ 就等于函数 $\dfrac{e^{i5z}}{1+z^2}$ 在上半平面上的奇点的残数与 $2\pi i$ 的乘积,即

$$\int_{-\infty}^{+\infty} \dfrac{e^{i5x}}{1+x^2} dx = 2\pi i \mathrm{Res}\left(\dfrac{e^{i5z}}{1+z^2}, i\right) =$$

$$2\pi i\left((1-i) \cdot \dfrac{e^{i5x}}{1+z^2}\right)_{z=i} =$$

$$2\pi i \cdot \dfrac{e^{-5}}{2i} = \pi e^{-5}$$

故得
$$\int_0^{+\infty} \dfrac{\cos 5x}{1+x^2} dx = \dfrac{\pi}{2} e^{-5}$$

5.判别级数 $\sum_{n=1}^{\infty}(-1)^{n-1}\dfrac{1}{i+n-1}$ 的敛散性.如收敛,则指出是绝对收敛还是条件收敛.

解 因为
$$\dfrac{1}{i+n-1} = \dfrac{n-1}{(n-1)^2+1} - \dfrac{i}{(n-1)^2+1}$$

所以有
$$\sum_{n=1}^{\infty}(-1)^{n-1}\dfrac{1}{i+n-1} = \sum_{n=1}^{\infty}(-1)^{n-1}\dfrac{n-1}{(n-1)^2+1} +$$
$$\sum_{n=1}^{\infty}(-1)^{n}\dfrac{i}{(n-1)^2+1}$$

其中,$\sum_{n=1}^{\infty}(-1)^{n-1}\dfrac{n-1}{(n-1)^2+1}$ 属莱布尼兹型级数,故其条件收敛.

级数 $\sum_{n=1}^{\infty}(-1)^n \frac{i}{(n-1)^2+1}$ 则是绝对收敛的.

因此,级数 $\sum_{n=1}^{\infty}(-1)^{n-1}\frac{1}{i+n-1}$ 是收敛的,但只是条件收敛的.(易知,作为一般性结论,当 $\sum_{n=1}^{\infty}x_n$ 和 $\sum_{n=1}^{\infty}y_n$ 收敛时,级数 $\sum_{n=1}^{\infty}z_n=\sum_{n=1}^{\infty}x_n+i\sum_{n=1}^{\infty}y_n$ 必收敛;且当 $\sum_{n=1}^{\infty}x_n$ 和 $\sum_{n=1}^{\infty}y_n$ 有一个收敛而另一个是条件收敛时,$\sum_{n=1}^{\infty}z_n$ 也是条件收敛的).

6. 求函数 $\frac{1}{\sin z-\cos z}$ 的奇点,并确定它们的类别(对于极点,要指出它们的级),对于无穷远点也要加以讨论.

解 函数 $\sin z-\cos z$ 的零点是
$$k\pi+\frac{\pi}{4}=\left(k+\frac{1}{4}\right)\pi \quad (k=0,\pm 1,\pm 2,\cdots)$$

又因为 $\left(k+\frac{1}{4}\right)\pi, k=0,\pm 1,\pm 2,\cdots$ 不是函数
$$(\sin z-\cos z)'=\cos z+\sin z$$
的零点,故 $\left(k+\frac{1}{4}\right)\pi$ 是函数 $\frac{1}{\sin z-\cos z}$ 的一级极点.

显然, $\left(k+\frac{1}{4}\right)\pi\to\infty(k\to\infty)$,因此无穷远点是函数 $\frac{1}{\sin z-\cos z}$ 的非孤立奇点.

7. 设 $f(z)$ 在 $|z-a|<R$ 内解析,如有 $f(z)$ 的一列零点 $\{z_n\}$ 收敛于 a(但 $z_n\neq a$),试证明 $f(z)$ 在 $|z-a|<R$ 内必恒等于零.

证 因 $f(z)$ 于 $|z-a|<R$ 解析,故有
$$f(z)=a_0+a_1(z-a)+a_2(z-a)^2+\cdots \quad (|z-a|<R) \quad (3)$$
注意到 $f(z)$ 于 a 连续,又 $f(z_k)=0, k=1,2,\cdots,z_k\to a(k\to\infty)$,因此
$$f(a)=\lim_{k\to\infty}f(z_k)=0 \quad (4)$$
联系等式(3)与(4),得
$$a_0=0$$

又注意 $z_k\neq a$,故对于函数 $\varphi(z)=\frac{f(z)-f(a)}{z-a}=\frac{f(z)}{z-a}$,有 $\varphi(z_k)=0$, $k=1,2,\cdots,$ 且 $\lim_{z\to a}\varphi(z)=a_1$,故得 $a_1=0$.

按归纳法可证,对任何 n 有 $a_n=0$.于是在 $|z-a|<R$ 内,$f(z)\equiv 0$. 证

毕.

注 如果关于非常数的解析函数的零点的孤立性定理和解析函数的唯一性定理视为已知,那么由已知的这个定理可直接证明本题.

8.写出儒歇定理,并证明之.

此定理之叙述与证明均见本书正文,此处从略.

东北工学院 1980 年研究生入学考试 复变函数试题

1.设 $f(z)$ 是 n 次多项式,试求

$$\frac{1}{2\pi i}\int_c \frac{zf'(z)}{f(z)}dz$$

其中 c 是一个充分大的圆.

2.计算积分

$$\int_0^\infty \frac{x^{1-a}}{1+x^2}dx \quad (0<a<2)$$

3.设

$$e^{\frac{\zeta}{2}(z-\frac{1}{z})} = \sum_{n=-\infty}^{+\infty} J_n(\zeta)$$

证明:$J_n(\zeta) = \frac{1}{\pi}\int_0^\pi \cos(\zeta\sin\theta - n\theta)d\theta$.

4.设函数 $f(z)$ 在环形域:$r_1 < |z-z_0| < r_2$ 解析,且

$$f(z) = \sum_{n=0}^\infty a_n(z-z_0)^n + \sum_{n=1}^\infty b_n(z-z_0)^{-n}$$

试证

$$\int_0^{2\pi} |f(z_0+re^{i\theta})|^2 d\theta = 2\pi\sum_{n=0}^\infty |a_n|^2 r^{2n} + 2\pi\sum_{n=1}^\infty |b_n|^2 r^{-2n}$$

其中 $r_1 < r < r_2$.

5.设 $f(z) = \sum_{n=0}^\infty a_n z^n$ 在 $|z|<1$ 内解析,且在 $|z|<1$ 内,$|f(z)|\leq 1$. 试证

$$|a_1| \leq 1 - |a_0|^2$$

南开大学研究生入学考试 复变函数试题

(导师杨宗磐,1963 年)

1.若 $\xi^2+\eta^2+\zeta^2-\xi\eta-\eta\zeta-\zeta\xi=0$,则 ξ,η,ζ 为正三角形顶点.

2.$\Delta|f(z)|^p = p^2|f(z)|^{p-2}|f'(z)|^2$,试证此式当 $f(z)$ 解析时成立.

3. 试证 $1 + az + a^2z^2 + \cdots + a^n z^n + \cdots$ 与 $\dfrac{1}{1-z} - \dfrac{(1-a)z}{(1-z)^2} + \dfrac{(1-a)^2 z^2}{(1-z)^3} - \cdots$ 互为延拓函数.

4. 下面表示式是否为多值函数？支点何在？其邻近形状如何？
$$\sqrt{\cos Z}, \quad \sqrt{1-\sin Z}$$

5. 求 $\displaystyle\int_0^\infty \dfrac{x^p}{1+x^2}\mathrm{d}x, \ |p|<1.$

6. $\mathrm{e}^z = az^n(|a|>\mathrm{e})$ 在 $|z|<1$ 内有 n 个根.

一份适合工科学生的复变函数试题

1. 设 $f(z) = u(x,y) + iv(x,y)$ 是解析函数,已知
$$u(x,y) = x^2 + 4x - y^2 + 2y$$
① 求出 $v(x,y)$；
② 求出 $f(z)$（即写出 z 的函数关系）.

2. 设 $f(z) = u(x,y) + iv(x,y)$ 是解析函数,且 $f'(z) \neq 0.$ 试证明 $u(x,y) = k_1, v(x,y) = k_2$ 是两条互相正交的曲线(这里 k_1, k_2 是常数).

（以上是北京邮电学院研究生入学考试《工程数学》试题中的复变函数部分——编者注）.

3. 已知平面流速场的复势为：
① $(z+i)^2$；② $(1+i)\ln z$；③ $z + \dfrac{1}{z}$.

求流动的速度以及流线和等势线方程.

4. 利用残数计算

① $\displaystyle\int_{-\infty}^{+\infty} \dfrac{\cos 2x + 2x\sin x}{x^2 + x + 1}\mathrm{d}x$；

② $\displaystyle\int_0^{2\pi} \dfrac{\sin^2 \theta}{a + b\cos \theta}\mathrm{d}\theta \quad (a>b>0).$

5. 求一保形变换,将第三象限
$$\mathrm{Re}\, Z < 0 \text{ 且 } \mathrm{Im}\, Z < 0$$
映为单位圆 $|W|<1.$

上海交大 1980 年研究生入学考试题

（《函数论》试题中的复变函数部分）

1. 试将 z 平面上"带形区域 $0<y<2\pi$ 除去虚轴上 $0<y<\pi$ 的一段"保

角映射到单位圆.

2. 叙述并证明最大模原理.

3. 将 $\dfrac{1}{(z-a)(z-b)}$ ($|b|>|a|>0$) 按下列指定区域 G 展开成罗朗级数:

① $G: 0<|a|<|z|<|b|$;

② $G: |z|>|b|$.

中央广播电视大学高等数学(三)试题

(1981年元月)

(一)(本题满分15分)

判别下列结论是否正确,正确在括号内画"√",不正确在括号内画"×".

(1) $\operatorname{Re}(5e^{i\frac{\pi}{3}})$ 与 $\operatorname{Im}(7e^{i\frac{\pi}{6}})$ 不能比较大小( )

(2) $3e^{i\frac{\pi}{4}} > 2\sqrt{2}e^{i\frac{\pi}{4}}$ ( )

(3) $\left|\dfrac{1}{z}\right| = \left|\dfrac{1}{\bar{z}}\right|$ ( )

(4) $\operatorname{Im}(e^{i|z|}) = e^{|z|}$ ( )

(5) 因为 $f(z) = z^2$ 是解析函数,故 $\bar{z}^2$ 也是解析函数( ).

(二)(本题满分20分)

填空(将结果填在括号内,不写过程)

(1) 级数 $\sum\limits_{n=0}^{\infty} \dfrac{nz^n}{2^n}$ 的收敛半径是( )

(2) $f(z) = \dfrac{1}{z^2(z-2i)}$, $\operatorname{Res}[f(z), 0] = ($)

(3) 若 $\operatorname{Re}(s) > a$,则 e^{at} 的拉氏变换为 $F(s) = L[e^{at}] = ($)

(4) $\oint\limits_{|z|=1} \dfrac{dz}{z^2+2z+2} = ($)

(三)(本题满分12分)

已知函数 $f(z)$ 的实部 $u(x,y) = \dfrac{1}{2}xy$,且满足 $f(0) = 0$,求解析函数 $f(z)$.

(四)(本题满分10分)

求函数 $f(z) = \dfrac{1}{z^2(z-1)}$ 在环域 $0<|z|<1$ 的罗伦级数.

(五)(本题共33分)

(1) 叙述留数的定义(本小题满分9分)

(2) 计算回路积分

$$\oint_c \frac{e^z}{z+\frac{\pi}{2}i}dz$$

其中 c 是直线 $x=\pm 2$ 与 $y=\pm 2$ 为边的正方形的边界，且取正向(本小题满分12分).

(3) 利用复变函数方法计算积分

$$\int_{-\infty}^{\infty} \frac{x^2}{(x^2+1)^2}dx$$

(本小题满分12分)

(六)(本题满分10分)

试证：$W=\dfrac{2z-i}{iz+2}$ 把 z 平面上的单位圆映射到 W 平面上的单位圆.

编辑手记

　　一个大学生数学究竟要学到什么程度才算好,先看一则 2015 年 4 月 8 日的网上新闻,标题是"绵中学子张灵夫荣获美国普特南数学竞赛大奖",内容如下:在第 76 届美国普特南大学生数学竞赛(William Lowell Putnam Mathematical Competition)中,代表美国麻省理工学院出征的绵阳中学毕业生张灵夫同学荣获全美第三名,被定为"普特南研究员",并获得 2 500 美元奖学金,取得攻读美国前 5 名大学研究生的资格. 张灵夫同学也因此成为此项赛事有史以来第 2 位进入前 5 名的华人选手.

　　美国普特南大学生数学竞赛是美国乃至美洲最著名的数学竞赛,也是全世界最难的数学竞赛之一. 该项赛事由美国数学会主办,有包括哈佛大学、麻省理工学院、杜克大学、普林斯顿大学、加州理工大学、斯坦福大学在内的美洲将近 3 000 所大学参赛. 自 1938 年开始至今共举办了 76 届. 多年来,许多的普特南竞赛的获奖者都成为杰出的数学家,其中一些已获得菲尔兹奖和诺贝尔物理学奖(据说当年约翰·纳什就是在这个竞赛中受挫的,因为他没能成功进到前三名).

　　绵阳中学以厚重的文化底蕴、严谨的学风校风和一流教育教学质量为优秀学子铺就了多元成才的路径,搭建了腾飞的舞台. 张

超越普里瓦洛夫——无穷乘积与它对解析函数的应用卷

灵夫同学 2010 年进入绵阳中学学习;2011 年荣获全国高中数学联赛四川省第一名,代表四川省参加第 11 届中国西部数学奥林匹克竞赛,以满分第一名的成绩夺得金牌;2012 年,荣获第 27 届中国数学奥林匹克竞赛金牌,进入国家集训队,保送清华大学;2013 年,在第 28 届中国数学奥林匹克竞赛中以满分第一名的成绩入选国家集训队,并成功进入国家队,当年 7 月,代表中国参加在哥伦比亚举行的第 54 届国际数学奥林匹克竞赛,最终以世界第五名的绝佳战绩勇夺国际金牌;2014 年,张灵夫同学在清华大学大一期间即公派留学美国麻省理工学院;2015 年,张灵夫同学代表美国麻省理工学院出征普特南大学生数学竞赛,斩获全美第三名,并带领麻省理工学院团队荣获第一名.

普特南数学竞赛是受世人瞩目的大赛,由名家命题,构思巧妙,背景深远. 能在此项大赛中获奖绝非易事,在赛史上获满分的只有三位. 其中一位是台湾留学生吴大峻(后在哈佛大学任统计学教授),大陆留学生还少有入选. 而张灵夫也是从大一就被公派留学了,如果一直在国内读,结果可想而知. 因为我们的训练就到考研为止了,即使是国内的所谓大学生数学竞赛,其难度和范围也不会比考研高到哪里,只有早期中科院数学所搞的大学生数学夏令营还有些竞赛味道,可惜举办了 10 届就停了. 代之以各种杂牌竞赛,题目在业内都没能得到公认. 做有一定难度的题目是将来搞数学研究的前奏,比如本书中第 110~123 题所涉及的椭圆函数与现在时髦的椭圆亏格关系密切,刘克峰在哈佛的讨论班中就提到:

令 $\mathfrak{V}(x)$ 为伴随于格 $\{2m\pi+2n\pi\tau\}$ 的维尔斯特拉斯椭圆函数. 于是有下面椭圆曲线的参数化

$$\mathfrak{V}'(x)=4(\mathfrak{V}(x)-e_1)(\mathfrak{V}(x)-e_2)(\mathfrak{V}(x)-e_3)$$

其中 $e_j=\mathfrak{V}(w_j),w_1=\pi,w_2=\pi\tau,w_3=\pi(1+\tau)$.

椭圆亏格与椭圆曲线之间有趣的联系可以从下面的关系得到证明

$$2iF_j(x)=\sqrt{\mathfrak{V}(x)-e_j} \quad (j=1,2,3)$$

这可以很容易地从比较两边函数的极点看出.

对 $j=1,2,3$,我们用 θ_j 表示 $\theta_j(0,\tau)$,则有下面的关系

$$e_3-e_2=\theta_1^4, \quad e_1-e_3=\theta_2^4, \quad e_1-e_2=\theta_3^4$$

在这里应该注意的是,我们用 v 取代 πv 作为 θ—函数的变量. 因为

$$\mathfrak{V}'(x)=-8F_j(x)F'_j(x)$$

代入维尔斯特拉斯方程,我们得到 3 个椭圆亏格的泛函方程

$$F_1(x)^2 = (F_1(x)^2 - \frac{1}{4}\theta_3^4)(F_1(x)^2 - \frac{1}{4}\theta_2^4)$$

$$F_2(x)^2 = (F_2(x)^2 - \frac{1}{4}\theta_3^4)(F_2(x)^2 - \frac{1}{4}\theta_1^4)$$

$$F_3(x)^2 = (F_3(x)^2 - \frac{1}{4}\theta_2^4)(F_3(x)^2 - \frac{1}{4}\theta_1^4)$$

通过这些方程,我们容易得到 3 个椭圆亏格的对数

$$g_1(x) = \int_0^x \frac{\mathrm{d}u}{\sqrt{(1 - \frac{1}{4}\theta_3^4 u^2)(1 - \frac{1}{4}\theta_2^4 u^2)}}$$

$$g_2(x) = \int_0^x \frac{\mathrm{d}u}{\sqrt{(1 + \frac{1}{4}\theta_3^4 u^2)(1 + \frac{1}{4}\theta_1^4 u^2)}}$$

$$g_3(x) = \int_0^x \frac{\mathrm{d}u}{\sqrt{(1 + \frac{1}{4}\theta_2^4 u^2)(1 - \frac{1}{4}\theta_1^4 u^2)}}$$

事实上,令 z 表示 CP^n 上的万有线丛的第一陈类. 由定义知

$$g_j(x) = \sum_{n=0}^{\infty} \varphi_j(\mathrm{CP}^{2n}) \frac{x^{2n+1}}{2n+1} \quad (j = 1, 2, 3)$$

其中 φ_j 表示对应于 $xF_j(x)$ 的椭圆亏格. 由于

$$\varphi_j(\mathrm{CP}^{2n}) = \int_{\mathrm{CP}^{2n}} (zF_j(z))^{2n+1} = \frac{1}{n!} \frac{\mathrm{d}^n}{\mathrm{d}z^n} [zF_j(z)]^{2n+1}$$

由拉格朗日定理容易证明

$$g_j^{-1}(x) = \frac{1}{F_j(x)}$$

与 Ochanine 的椭圆亏格的标准方程

$$y^2 = 1 - 2\delta x^2 + \varepsilon x^4$$

相比较,我们有下面的表示

$$\delta_1 = \frac{1}{8}(\theta_2^4 + \theta_3^4), \quad \varepsilon_1 = \frac{1}{16}\theta_2^4 \theta_3^4$$

$$\delta_2 = -\frac{1}{8}(\theta_1^4 + \theta_3^4), \quad \varepsilon_2 = \frac{1}{16}\theta_1^4 \theta_3^4$$

$$\delta_3 = \frac{1}{8}(\theta_1^4 - \theta_2^4), \quad \varepsilon_3 = -\frac{1}{16}\theta_1^4 \theta_2^4$$

其中 δ_j 是水平为 2 的模形式，ε_j 是水平为 4 的模形式，这些都容易从 θ-函数的性质导出. 这 3 种椭圆亏格由它们的泛函方程以及拓扑性质唯一刻画，例如在群作用下的刚性以及旋量纤维化下的乘法.

现在的大学生往往不喜欢读稍微艰深一点的数学书，可能是觉得对找工作没什么帮助. 笔者喜欢在毕业季去大学淘旧书，但十有八九是失望而归. 因为大学生们摆出的都是课本与考研辅导书，极少有专著. 不过在天津南开大学笔者还是小有收获，居然有一位同学在出售一本阿尔弗斯的文集，阿尔弗斯是美籍芬兰人，是奈望林纳的学生，23 岁就证明了 1907 年当儒瓦提出的猜想. 曾于 1936 年获首届菲尔兹奖；1981 年获沃尔夫奖；1982 年获斯蒂尔奖.

阿尔弗斯通过拟保角映射度等工具，对被称为亏格的拓扑不变量(即闭黎曼面的眼数)为 g 的、彼此不同的黎曼面所形成的 $(3g-3)$ 维空间进行了系统深入的研究，并弄清了这种空间的结构. 以他的研究为起点，形成了第二次世界大战后单复变函数论的最活跃的一个研究方向.

阿尔弗斯的成功，与他的两位导师——林德洛夫和奈望林纳的精心指导是分不开的. 前者为他打好了坚实的基础，后者为他确定了第一步主攻的目标.

阿尔弗斯是一位数学教育家，为芬兰、美国等国培养了一批单复变函数论专家. 他的名著《复分析》已译成中文，由上海科学技术出版社出版(1962 年第一版、1984 年第二版).

读完阿尔弗斯的书后，再做本书之题是恰当的.

刘培杰

2015 年 4 月 18 日

于哈工大

哈尔滨工业大学出版社刘培杰数学工作室
已出版(即将出版)图书目录

书　　名	出版时间	定　价	编号
新编中学数学解题方法全书(高中版)上卷	2007—09	38.00	7
新编中学数学解题方法全书(高中版)中卷	2007—09	48.00	8
新编中学数学解题方法全书(高中版)下卷(一)	2007—09	42.00	17
新编中学数学解题方法全书(高中版)下卷(二)	2007—09	38.00	18
新编中学数学解题方法全书(高中版)下卷(三)	2010—06	58.00	73
新编中学数学解题方法全书(初中版)上卷	2008—01	28.00	29
新编中学数学解题方法全书(初中版)中卷	2010—07	38.00	75
新编中学数学解题方法全书(高考复习卷)	2010—01	48.00	67
新编中学数学解题方法全书(高考真题卷)	2010—01	38.00	62
新编中学数学解题方法全书(高考精华卷)	2011—03	68.00	118
新编平面解析几何解题方法全书(专题讲座卷)	2010—01	18.00	61
新编中学数学解题方法全书(自主招生卷)	2013—08	88.00	261

书　　名	出版时间	定　价	编号
数学眼光透视	2008—01	38.00	24
数学思想领悟	2008—01	38.00	25
数学应用展观	2008—01	38.00	26
数学建模导引	2008—01	28.00	23
数学方法溯源	2008—01	38.00	27
数学史话览胜	2008—01	28.00	28
数学思维技术	2013—09	38.00	260

书　　名	出版时间	定　价	编号
从毕达哥拉斯到怀尔斯	2007—10	48.00	9
从迪利克雷到维斯卡尔迪	2008—01	48.00	21
从哥德巴赫到陈景润	2008—05	98.00	35
从庞加莱到佩雷尔曼	2011—08	138.00	136

书　　名	出版时间	定　价	编号
数学解题中的物理方法	2011—06	28.00	114
数学解题的特殊方法	2011—06	48.00	115
中学数学计算技巧	2012—01	48.00	116
中学数学证明方法	2012—01	58.00	117
数学趣题巧解	2012—03	28.00	128
三角形中的角格点问题	2013—01	88.00	207
含参数的方程和不等式	2012—09	28.00	213

哈尔滨工业大学出版社刘培杰数学工作室
已出版(即将出版)图书目录

书　名	出版时间	定　价	编号
数学奥林匹克与数学文化(第一辑)	2006—05	48.00	4
数学奥林匹克与数学文化(第二辑)(竞赛卷)	2008—01	48.00	19
数学奥林匹克与数学文化(第二辑)(文化卷)	2008—07	58.00	36'
数学奥林匹克与数学文化(第三辑)(竞赛卷)	2010—01	48.00	59
数学奥林匹克与数学文化(第四辑)(竞赛卷)	2011—08	58.00	87
数学奥林匹克与数学文化(第五辑)	2014—09		370
发展空间想象力	2010—01	38.00	57
走向国际数学奥林匹克的平面几何试题诠释(上、下)(第1版)	2007—01	68.00	11,12
走向国际数学奥林匹克的平面几何试题诠释(上、下)(第2版)	2010—02	98.00	63,64
平面几何证明方法全书	2007—08	35.00	1
平面几何证明方法全书习题解答(第1版)	2005—10	18.00	2
平面几何证明方法全书习题解答(第2版)	2006—12	18.00	10
平面几何天天练上卷·基础篇(直线型)	2013—01	58.00	208
平面几何天天练中卷·基础篇(涉及圆)	2013—01	28.00	234
平面几何天天练下卷·提高篇	2013—01	58.00	237
平面几何专题研究	2013—07	98.00	258
最新世界各国数学奥林匹克中的平面几何试题	2007—09	38.00	14
数学竞赛平面几何典型题及新颖解	2010—07	48.00	74
初等数学复习及研究(平面几何)	2008—09	58.00	38
初等数学复习及研究(立体几何)	2010—06	38.00	71
初等数学复习及研究(平面几何)习题解答	2009—01	48.00	42
世界著名平面几何经典著作钩沉——几何作图专题卷(上)	2009—06	48.00	49
世界著名平面几何经典著作钩沉——几何作图专题卷(下)	2011—01	88.00	80
世界著名平面几何经典著作钩沉(民国平面几何老课本)	2011—03	38.00	113
世界著名解析几何经典著作钩沉——平面解析几何卷	2014—01	38.00	273
世界著名数论经典著作钩沉(算术卷)	2012—01	28.00	125
世界著名数学经典著作钩沉——立体几何卷	2011—02	28.00	88
世界著名三角学经典著作钩沉(平面三角卷Ⅰ)	2010—06	28.00	69
世界著名三角学经典著作钩沉(平面三角卷Ⅱ)	2011—01	38.00	78
世界著名初等数论经典著作钩沉(理论和实用算术卷)	2011—07	38.00	126
几何学教程(平面几何卷)	2011—03	68.00	90
几何学教程(立体几何卷)	2011—07	68.00	130
几何变换与几何证题	2010—06	88.00	70
计算方法与几何证题	2011—06	28.00	129
立体几何技巧与方法	2014—04	88.00	293
几何瑰宝——平面几何500名题暨1000条定理(上、下)	2010—07	138.00	76,77
三角形的解法与应用	2012—07	18.00	183
近代的三角形几何学	2012—07	48.00	184
一般折线几何学	即将出版	58.00	203
三角形的五心	2009—06	28.00	51
三角形趣谈	2012—08	28.00	212
解三角形	2014—01	28.00	265
三角学专门教程	2014—09	28.00	387
距离几何分析导引	2015—02	68.00	446

哈尔滨工业大学出版社刘培杰数学工作室
已出版(即将出版)图书目录

书　　名	出版时间	定　价	编号
圆锥曲线习题集(上册)	2013—06	68.00	255
圆锥曲线习题集(中册)	2015—01	78.00	434
圆锥曲线习题集(下册)	即将出版		
俄罗斯平面几何问题集	2009—08	88.00	55
俄罗斯立体几何问题集	2014—03	58.00	283
俄罗斯几何大师——沙雷金论数学及其他	2014—01	48.00	271
来自俄罗斯的5000道几何习题及解答	2011—03	58.00	89
俄罗斯初等数学问题集	2012—05	38.00	177
俄罗斯函数问题集	2011—03	38.00	103
俄罗斯组合分析问题集	2011—01	48.00	79
俄罗斯初等数学万题选——三角卷	2012—11	38.00	222
俄罗斯初等数学万题选——代数卷	2013—08	68.00	225
俄罗斯初等数学万题选——几何卷	2014—01	68.00	226
463个俄罗斯几何老问题	2012—01	28.00	152
近代欧氏几何学	2012—03	48.00	162
罗巴切夫斯基几何学及几何基础概要	2012—07	28.00	188
用三角、解析几何、复数、向量计算解数学竞赛几何题	2015—03	48.00	455
美国中学几何教程	2015—04	88.00	458
三线坐标与三角形特征点	2015—04	98.00	460
平面解析几何方法与研究(第1卷)	2015—05	18.00	471
平面解析几何方法与研究(第2卷)	2015—06	18.00	472
平面解析几何方法与研究(第3卷)	即将出版		473
超越吉米多维奇——数列的极限	2009—11	48.00	58
超越普里瓦洛夫——留数卷	2015—01	28.00	437
超越普里瓦洛夫——无穷乘积与它对解析函数的应用卷	2015—05	28.00	477
Barban Davenport Halberstam均值和	2009—01	40.00	33
初等数论难题集(第一卷)	2009—05	68.00	44
初等数论难题集(第二卷)(上、下)	2011—02	128.00	82,83
谈谈素数	2011—03	18.00	91
平方和	2011—03	18.00	92
数论概貌	2011—03	18.00	93
代数数论(第二版)	2013—08	58.00	94
代数多项式	2014—06	38.00	289
初等数论的知识与问题	2011—02	28.00	95
超越数论基础	2011—03	28.00	96
数论初等教程	2011—03	28.00	97
数论基础	2011—03	18.00	98
数论基础与维诺格拉多夫	2014—03	18.00	292
解析数论基础	2012—08	28.00	216
解析数论基础(第二版)	2014—01	48.00	287
解析数论问题集(第二版)	2014—05	88.00	343
解析几何研究	2015—01	38.00	425
初等几何研究	2015—02	58.00	444
数论入门	2011—03	38.00	99
代数数论入门	2015—03	38.00	448
数论开篇	2012—07	28.00	194
解析数论引论	2011—03	48.00	100

哈尔滨工业大学出版社刘培杰数学工作室
已出版(即将出版)图书目录

书 名	出版时间	定 价	编号
复变函数引论	2013—10	68.00	269
伸缩变换与抛物旋转	2015—01	38.00	449
无穷分析引论(上)	2013—04	88.00	247
无穷分析引论(下)	2013—04	98.00	245
数学分析	2014—04	28.00	338
数学分析中的一个新方法及其应用	2013—01	38.00	231
数学分析例选:通过范例学技巧	2013—01	88.00	243
高等代数例选:通过范例学技巧	2015—06	88.00	475
三角级数论(上册)(陈建功)	2013—01	38.00	232
三角级数论(下册)(陈建功)	2013—01	48.00	233
三角级数论(哈代)	2013—06	48.00	254
基础数论	2011—03	28.00	101
超越数	2011—03	18.00	109
三角和方法	2011—03	18.00	112
谈谈不定方程	2011—05	28.00	119
整数论	2011—05	38.00	120
随机过程(Ⅰ)	2014—01	78.00	224
随机过程(Ⅱ)	2014—01	68.00	235
整数的性质	2012—11	38.00	192
初等数论 100 例	2011—05	18.00	122
初等数论经典例题	2012—07	18.00	204
最新世界各国数学奥林匹克中的初等数论试题(上、下)	2012—01	138.00	144,145
算术探索	2011—12	158.00	148
初等数论(Ⅰ)	2012—01	18.00	156
初等数论(Ⅱ)	2012—01	18.00	157
初等数论(Ⅲ)	2012—01	28.00	158
组合数学	2012—04	28.00	178
组合数学浅谈	2012—03	28.00	159
同余理论	2012—05	38.00	163
丢番图方程引论	2012—03	48.00	172
平面几何与数论中未解决的新老问题	2013—01	68.00	229
法雷级数	2014—08	18.00	367
代数数论简史	2014—11	28.00	408
摆线族	2015—01	38.00	438
拉普拉斯变换及其应用	2015—02	38.00	447
函数方程及其解法	2015—05	38.00	470
罗巴切夫斯基几何学初步	2015—06	28.00	474
[x]与{x}	2015—04	48.00	476
历届美国中学生数学竞赛试题及解答(第一卷)1950—1954	2014—07	18.00	277
历届美国中学生数学竞赛试题及解答(第二卷)1955—1959	2014—04	18.00	278
历届美国中学生数学竞赛试题及解答(第三卷)1960—1964	2014—06	18.00	279
历届美国中学生数学竞赛试题及解答(第四卷)1965—1969	2014—04	28.00	280
历届美国中学生数学竞赛试题及解答(第五卷)1970—1972	2014—06	18.00	281
历届美国中学生数学竞赛试题及解答(第七卷)1981—1986	2015—01	18.00	424

哈尔滨工业大学出版社刘培杰数学工作室
已出版(即将出版)图书目录

书 名	出版时间	定 价	编号
历届 IMO 试题集(1959—2005)	2006—05	58.00	5
历届 CMO 试题集	2008—09	28.00	40
历届中国数学奥林匹克试题集	2014—10	38.00	394
历届加拿大数学奥林匹克试题集	2012—08	38.00	215
历届美国数学奥林匹克试题集:多解推广加强	2012—08	38.00	209
历届波兰数学竞赛试题集.第1卷,1949~1963	2015—03	18.00	453
历届波兰数学竞赛试题集.第2卷,1964~1976	2015—03	18.00	454
保加利亚数学奥林匹克	2014—10	38.00	393
圣彼得堡数学奥林匹克试题集	2015—01	48.00	429
历届国际大学生数学竞赛试题集(1994—2010)	2012—01	28.00	143
全国大学生数学夏令营数学竞赛试题及解答	2007—03	28.00	15
全国大学生数学竞赛辅导教程	2012—07	28.00	189
全国大学生数学竞赛复习全书	2014—04	48.00	340
历届美国大学生数学竞赛试题集	2009—03	88.00	43
前苏联大学生数学奥林匹克竞赛题解(上编)	2012—04	28.00	169
前苏联大学生数学奥林匹克竞赛题解(下编)	2012—04	38.00	170
历届美国数学邀请赛试题集	2014—01	48.00	270
全国高中数学竞赛试题及解答.第1卷	2014—07	38.00	331
大学生数学竞赛讲义	2014—09	28.00	371
高考数学临门一脚(含密押三套卷)(理科版)	2015—01	24.80	421
高考数学临门一脚(含密押三套卷)(文科版)	2015—01	24.80	422
新课标高考数学题型全归纳(文科版)	2015—05	72.00	467
新课标高考数学题型全归纳(理科版)	2015—05	82.00	468

书 名	出版时间	定 价	编号
整函数	2012—08	18.00	161
多项式和无理数	2008—01	68.00	22
模糊数据统计学	2008—03	48.00	31
模糊分析学与特殊泛函空间	2013—01	68.00	241
受控理论与解析不等式	2012—05	78.00	165
解析不等式新论	2009—06	68.00	48
反问题的计算方法及应用	2011—11	28.00	147
建立不等式的方法	2011—03	98.00	104
数学奥林匹克不等式研究	2009—08	68.00	56
不等式研究(第二辑)	2012—02	68.00	153
初等数学研究(Ⅰ)	2008—09	68.00	37
初等数学研究(Ⅱ)(上、下)	2009—05	118.00	46,47
中国初等数学研究 2009卷(第1辑)	2009—05	20.00	45
中国初等数学研究 2010卷(第2辑)	2010—05	30.00	68
中国初等数学研究 2011卷(第3辑)	2011—07	60.00	127
中国初等数学研究 2012卷(第4辑)	2012—07	48.00	190
中国初等数学研究 2014卷(第5辑)	2014—02	48.00	288
数阵及其应用	2012—02	28.00	164
绝对值方程—折边与组合图形的解析研究	2012—07	48.00	186
不等式的秘密(第一卷)	2012—02	28.00	154
不等式的秘密(第一卷)(第2版)	2014—02	38.00	286
不等式的秘密(第二卷)	2014—01	38.00	268

哈尔滨工业大学出版社刘培杰数学工作室
已出版(即将出版)图书目录

书　名	出版时间	定　价	编号
初等不等式的证明方法	2010—06	38.00	123
初等不等式的证明方法(第二版)	2014—11	38.00	407
数学奥林匹克在中国	2014—06	98.00	344
数学奥林匹克问题集	2014—01	38.00	267
数学奥林匹克不等式散论	2010—06	38.00	124
数学奥林匹克不等式欣赏	2011—09	38.00	138
数学奥林匹克超级题库(初中卷上)	2010—01	58.00	66
数学奥林匹克不等式证明方法和技巧(上、下)	2011—08	158.00	134,135
近代拓扑学研究	2013—04	38.00	239
新编640个世界著名数学智力趣题	2014—01	88.00	242
500个最新世界著名数学智力趣题	2008—06	48.00	3
400个最新世界著名数学最值问题	2008—09	48.00	36
500个世界著名数学征解问题	2009—06	48.00	52
400个中国最佳初等数学征解老问题	2010—01	48.00	60
500个俄罗斯数学经典老题	2011—01	28.00	81
1000个国外中学物理好题	2012—04	48.00	174
300个日本高考数学题	2012—05	38.00	142
500个前苏联早期高考数学试题及解答	2012—05	28.00	185
546个早期俄罗斯大学生数学竞赛题	2014—03	38.00	285
548个来自美苏的数学好问题	2014—11	28.00	396
20所苏联著名大学早期入学试题	2015—02	18.00	452
161道德国工科大学生必做的微分方程习题	2015—05	28.00	469
德国讲义日本考题.微积分卷	2015—04	48.00	456
德国讲义日本考题.微分方程卷	2015—04	38.00	457
博弈论精粹	2008—03	58.00	30
博弈论精粹.第二版(精装)	2015—01	88.00	461
数学 我爱你	2008—01	28.00	20
精神的圣徒　别样的人生——60位中国数学家成长的历程	2008—09	48.00	39
数学史概论	2009—06	78.00	50
数学史概论(精装)	2013—03	158.00	272
斐波那契数列	2010—02	28.00	65
数学拼盘和斐波那契魔方	2010—07	38.00	72
斐波那契数列欣赏	2011—01	28.00	160
数学的创造	2011—02	48.00	85
数学中的美	2011—02	38.00	84
数论中的美学	2014—12	38.00	351
数学王者　科学巨人——高斯	2015—01	28.00	428
王连笑教你怎样学数学:高考选择题解题策略与客观题实用训练	2014—01	48.00	262
王连笑教你怎样学数学:高考数学高层次讲座	2015—02	48.00	432
最新全国及各省市高考数学试卷解法研究及点拨评析	2009—02	38.00	41
高考数学的理论与实践	2009—08	38.00	53
中考数学专题总复习	2007—04	28.00	6
向量法巧解数学高考题	2009—08	28.00	54
高考数学核心题型解题方法与技巧	2010—01	28.00	86
高考思维新平台	2014—03	38.00	259
数学解题——靠数学思想给力(上)	2011—07	38.00	131
数学解题——靠数学思想给力(中)	2011—07	48.00	132
数学解题——靠数学思想给力(下)	2011—07	38.00	133

哈尔滨工业大学出版社刘培杰数学工作室
已出版(即将出版)图书目录

书　名	出版时间	定　价	编号
我怎样解题	2013—01	48.00	227
和高中生漫谈：数学与哲学的故事	2014—08	28.00	369
2011年全国及各省市高考数学试题审题要津与解法研究	2011—10	48.00	139
2013年全国及各省市高考数学试题解析与点评	2014—01	48.00	282
全国及各省市高考数学试题审题要津与解法研究	2015—02	48.00	450
新课标高考数学——五年试题分章详解(2007～2011)(上、下)	2011—10	78.00	140,141
30分钟拿下高考数学选择题、填空题(第二版)	2012—01	28.00	146
全国中考数学压轴题审题要津与解法研究	2013—04	78.00	248
新编全国及各省市中考数学压轴题审题要津与解法研究	2014—05	58.00	342
全国及各省市5年中考数学压轴题审题要津与解法研究	2015—04	58.00	462
高考数学压轴题解题诀窍(上)	2012—02	78.00	166
高考数学压轴题解题诀窍(下)	2012—03	28.00	167
自主招生考试中的参数方程问题	2015—01	28.00	435
自主招生考试中的极坐标问题	2015—04	28.00	463
近年全国重点大学自主招生数学试题全解及研究．华约卷	2015—02	38.00	441
近年全国重点大学自主招生数学试题全解及研究．北约卷	即将出版		
格点和面积	2012—07	18.00	191
射影几何趣谈	2012—04	28.00	175
斯潘纳尔引理——从一道加拿大数学奥林匹克试题谈起	2014—01	28.00	228
李普希兹条件——从几道近年高考数学试题谈起	2012—10	18.00	221
拉格朗日中值定理——从一道北京高考试题的解法谈起	2012—10	18.00	197
闵科夫斯基定理——从一道清华大学自主招生试题谈起	2014—01	28.00	198
哈尔测度——从一道冬令营试题的背景谈起	2012—08	28.00	202
切比雪夫逼近问题——从一道中国台北数学奥林匹克试题谈起	2013—04	38.00	238
伯恩斯坦多项式与贝齐尔曲面——从一道全国高中数学联赛试题谈起	2013—03	38.00	236
卡塔兰猜想——从一道普特南竞赛试题谈起	2013—06	18.00	256
麦卡锡函数和阿克曼函数——从一道前南斯拉夫数学奥林匹克试题谈起	2012—08	18.00	201
贝蒂定理与拉姆贝克莫斯尔定理——从一个拣石子游戏谈起	2012—08	18.00	217
皮亚诺曲线和豪斯道夫分球定理——从无限集谈起	2012—08	18.00	211
平面凸图形与凸多面体	2012—10	28.00	218
斯坦因豪斯问题——从一道二十五省市自治区中学数学竞赛试题谈起	2012—07	18.00	196
纽结理论中的亚历山大多项式与琼斯多项式——从一道北京市高一数学竞赛试题谈起	2012—07	28.00	195
原则与策略——从波利亚"解题表"谈起	2013—04	38.00	244
转化与化归——从三大尺规作图不能问题谈起	2012—08	28.00	214
代数几何中的贝祖定理(第一版)——从一道IMO试题的解法谈起	2013—08	18.00	193
成功连贯理论与约当块理论——从一道比利时数学竞赛试题谈起	2012—04	18.00	180
磨光变换与范·德·瓦尔登猜想——从一道环球城市竞赛试题谈起	即将出版		
素数判定与大数分解	2014—08	18.00	199
置换多项式及其应用	2012—10	18.00	220
椭圆函数与模函数——从一道美国加州大学洛杉矶分校(UCLA)博士资格考题谈起	2012—10	28.00	219

哈尔滨工业大学出版社刘培杰数学工作室
已出版(即将出版)图书目录

书　名	出版时间	定　价	编号
差分方程的拉格朗日方法——从一道2011年全国高考理科试题的解法谈起	2012—08	28.00	200
力学在几何中的一些应用	2013—01	38.00	240
高斯散度定理、斯托克斯定理和平面格林定理——从一道国际大学生数学竞赛试题谈起	即将出版		
康托洛维奇不等式——从一道全国高中联赛试题谈起	2013—03	28.00	337
西格尔引理——从一道第18届IMO试题的解法谈起	即将出版		
罗斯定理——从一道前苏联数学竞赛试题谈起	即将出版		
拉克斯定理和阿廷定理——从一道IMO试题的解法谈起	2014—01	58.00	246
毕卡大定理——从一道美国大学数学竞赛试题谈起	2014—07	18.00	350
贝齐尔曲线——从一道全国高中联赛试题谈起	即将出版		
拉格朗日乘子定理——从一道2005年全国高中联赛试题谈起	即将出版		
雅可比定理——从一道日本数学奥林匹克试题谈起	2013—04	48.00	249
李天岩-约克定理——从一道波兰数学竞赛试题谈起	2014—06	28.00	349
整系数多项式因式分解的一般方法——从克朗耐克算法谈起	即将出版		
布劳维不动点定理——从一道前苏联数学奥林匹克试题谈起	2014—01	38.00	273
压缩不动点定理——从一道高考数学试题的解法谈起	即将出版		
伯恩赛德定理——从一道英国数学奥林匹克试题谈起	即将出版		
布查特-莫斯特定理——从一道上海市初中竞赛试题谈起	即将出版		
数论中的同余数问题——从一道普特南竞赛试题谈起	即将出版		
范·德蒙行列式——从一道美国数学奥林匹克试题谈起	即将出版		
中国剩余定理:总数法构建中国历史年表	2015—01	28.00	430
牛顿程序与方程求根——从一道全国高考试题解法谈起	即将出版		
库默尔定理——从一道IMO预选试题谈起	即将出版		
卢丁定理——从一道冬令营试题的解法谈起	即将出版		
沃斯滕霍姆定理——从一道IMO预选试题谈起	即将出版		
卡尔松不等式——从一道莫斯科数学奥林匹克试题谈起	即将出版		
信息论中的香农熵——从一道近年高考压轴题谈起	即将出版		
约当不等式——从一道希望杯竞赛试题谈起	即将出版		
拉比诺维奇定理	即将出版		
刘维尔定理——从一道《美国数学月刊》征解问题的解法谈起	即将出版		
卡塔兰恒等式与级数求和——从一道IMO试题的解法谈起	即将出版		
勒让德猜想与素数分布——从一道爱尔兰竞赛试题谈起	即将出版		
天平称重与信息论——从一道基辅市数学奥林匹克试题谈起	即将出版		
哈密尔顿—凯莱定理:从一道高中数学联赛试题的解法谈起	2014—09	18.00	376
艾思特曼定理——从一道CMO试题的解法谈起	即将出版		

哈尔滨工业大学出版社刘培杰数学工作室
已出版(即将出版)图书目录

书　名	出版时间	定　价	编号
一个爱尔特希问题——从一道西德数学奥林匹克试题谈起	即将出版		
有限群中的爱丁格尔问题——从一道北京市初中二年级数学竞赛试题谈起	即将出版		
贝克码与编码理论——从一道全国高中联赛试题谈起	即将出版		
帕斯卡三角形	2014—03	18.00	294
蒲丰投针问题——从2009年清华大学的一道自主招生试题谈起	2014—01	38.00	295
斯图姆定理——从一道"华约"自主招生试题的解法谈起	2014—01	18.00	296
许瓦兹引理——从一道加利福尼亚大学伯克利分校数学系博士生试题谈起	2014—08	18.00	297
拉格朗日中值定理——从一道北京高考试题的解法谈起	2014—01		298
拉姆寨定理——从王诗宬院士的一个问题谈起	2014—01		299
坐标法	2013—12	28.00	332
数论三角形	2014—04	38.00	341
毕克定理	2014—07	18.00	352
数林掠影	2014—09	48.00	389
我们周围的概率	2014—10	38.00	390
凸函数最值定理:从一道华约自主招生题的解法谈起	2014—10	28.00	391
易学与数学奥林匹克	2014—10	38.00	392
生物数学趣谈	2015—01	18.00	409
反演	2015—01		420
因式分解与圆锥曲线	2015—01	18.00	426
轨迹	2015—01	28.00	427
面积原理:从常庚哲命的一道CMO试题的积分解法谈起	2015—01	48.00	431
形形色色的不动点定理:从一道28届IMO试题谈起	2015—01	38.00	439
柯西函数方程:从一道上海交大自主招生的试题谈起	2015—02	28.00	440
三角恒等式	2015—02	28.00	442
无理性判定:从一道2014年"北约"自主招生试题谈起	2015—01	38.00	443
数学归纳法	2015—03	18.00	451
极端原理与解题	2015—04	28.00	464
中等数学英语阅读文选	2006—12	38.00	13
统计学专业英语	2007—03	28.00	16
统计学专业英语(第二版)	2012—07	48.00	176
统计学专业英语(第三版)	2015—04	68.00	465
幻方和魔方(第一卷)	2012—05	68.00	173
尘封的经典——初等数学经典文献选读(第一卷)	2012—07	48.00	205
尘封的经典——初等数学经典文献选读(第二卷)	2012—07	38.00	206
实变函数论	2012—06	78.00	181
非光滑优化及其变分分析	2014—01	48.00	230
疏散的马尔科夫链	2014—01	58.00	266
马尔科夫过程论基础	2015—01	28.00	433
初等微分拓扑学	2012—07	18.00	182
方程式论	2011—03	38.00	105
初级方程式论	2011—03	28.00	106
Galois 理论	2011—03	18.00	107
古典数学难题与伽罗瓦理论	2012—11	58.00	223
伽罗华与群论	2014—01	28.00	290
代数方程的根式解及伽罗瓦理论	2011—03	28.00	108
代数方程的根式解及伽罗瓦理论(第二版)	2015—01	28.00	423

哈尔滨工业大学出版社刘培杰数学工作室
已出版(即将出版)图书目录

书　名	出版时间	定　价	编号
线性偏微分方程讲义	2011—03	18.00	110
N体问题的周期解	2011—03	28.00	111
代数方程式论	2011—05	18.00	121
动力系统的不变量与函数方程	2011—07	48.00	137
基于短语评价的翻译知识获取	2012—02	48.00	168
应用随机过程	2012—04	48.00	187
概率论导引	2012—04	18.00	179
矩阵论(上)	2013—06	58.00	250
矩阵论(下)	2013—06	48.00	251
趣味初等方程妙题集锦	2014—09	48.00	388
趣味初等数论选美与欣赏	2015—02	48.00	445
对称锥互补问题的内点法:理论分析与算法实现	2014—08	68.00	368
抽象代数:方法导引	2013—06	38.00	257
闵嗣鹤文集	2011—03	98.00	102
吴从炘数学活动三十年(1951~1980)	2010—07	99.00	32
函数论	2014—11	78.00	395
耕读笔记(上卷):一位农民数学爱好者的初数探索	2015—04	48.00	459

书　名	出版时间	定　价	编号
数贝偶拾——高考数学题研究	2014—04	28.00	274
数贝偶拾——初等数学研究	2014—04	38.00	275
数贝偶拾——奥数题研究	2014—04	48.00	276
集合、函数与方程	2014—01	28.00	300
数列与不等式	2014—01	38.00	301
三角与平面向量	2014—01	28.00	302
平面解析几何	2014—01	38.00	303
立体几何与组合	2014—01	28.00	304
极限与导数、数学归纳法	2014—01	38.00	305
趣味数学	2014—03	28.00	306
教材教法	2014—04	68.00	307
自主招生	2014—05	58.00	308
高考压轴题(上)	2014—11	48.00	309
高考压轴题(下)	2014—10	68.00	310

书　名	出版时间	定　价	编号
从费马到怀尔斯——费马大定理的历史	2013—10	198.00	I
从庞加莱到佩雷尔曼——庞加莱猜想的历史	2013—10	298.00	II
从切比雪夫到爱尔特希(上)——素数定理的初等证明	2013—07	48.00	III
从切比雪夫到爱尔特希(下)——素数定理100年	2012—12	98.00	III
从高斯到盖尔方特——二次域的高斯猜想	2013—10	198.00	IV
从库默尔到朗兰兹——朗兰兹猜想的历史	2014—01	98.00	V
从比勃巴赫到德布朗斯——比勃巴赫猜想的历史	2014—02	298.00	VI
从麦比乌斯到陈省身——麦比乌斯变换与麦比乌斯带	2014—02	298.00	VII
从布尔到豪斯道夫——布尔方程与格论漫谈	2013—10	198.00	VIII
从开普勒到阿诺德——三体问题的历史	2014—05	298.00	IX
从华林到华罗庚——华林问题的历史	2013—10	298.00	X

哈尔滨工业大学出版社刘培杰数学工作室
已出版(即将出版)图书目录

书　名	出版时间	定　价	编号
吴振奎高等数学解题真经(概率统计卷)	2012—01	38.00	149
吴振奎高等数学解题真经(微积分卷)	2012—01	68.00	150
吴振奎高等数学解题真经(线性代数卷)	2012—01	58.00	151
高等数学解题全攻略(上卷)	2013—06	58.00	252
高等数学解题全攻略(下卷)	2013—06	58.00	253
高等数学复习纲要	2014—01	18.00	384
钱昌本教你快乐学数学(上)	2011—12	48.00	155
钱昌本教你快乐学数学(下)	2012—03	58.00	171
三角函数	2014—01	38.00	311
不等式	2014—01	38.00	312
数列	2014—01	38.00	313
方程	2014—01	28.00	314
排列和组合	2014—01	28.00	315
极限与导数	2014—01	28.00	316
向量	2014—09	38.00	317
复数及其应用	2014—08	28.00	318
函数	2014—01	38.00	319
集合	即将出版		320
直线与平面	2014—01	28.00	321
立体几何	2014—04	28.00	322
解三角形	即将出版		323
直线与圆	2014—01	28.00	324
圆锥曲线	2014—01	38.00	325
解题通法(一)	2014—07	38.00	326
解题通法(二)	2014—07	38.00	327
解题通法(三)	2014—05	38.00	328
概率与统计	2014—01	28.00	329
信息迁移与算法	即将出版		330
第19～23届"希望杯"全国数学邀请赛试题审题要津详细评注(初一版)	2014—03	28.00	333
第19～23届"希望杯"全国数学邀请赛试题审题要津详细评注(初二、初三版)	2014—03	38.00	334
第19～23届"希望杯"全国数学邀请赛试题审题要津详细评注(高一版)	2014—03	28.00	335
第19～23届"希望杯"全国数学邀请赛试题审题要津详细评注(高二版)	2014—03	38.00	336
第19～25届"希望杯"全国数学邀请赛试题审题要津详细评注(初一版)	2015—01	38.00	416
第19～25届"希望杯"全国数学邀请赛试题审题要津详细评注(初二、初三版)	2015—01	58.00	417
第19～25届"希望杯"全国数学邀请赛试题审题要津详细评注(高一版)	2015—01	48.00	418
第19～25届"希望杯"全国数学邀请赛试题审题要津详细评注(高二版)	2015—01	48.00	419
物理奥林匹克竞赛大题典——力学卷	2014—11	48.00	405
物理奥林匹克竞赛大题典——热学卷	2014—04	28.00	339
物理奥林匹克竞赛大题典——电磁学卷	即将出版		406
物理奥林匹克竞赛大题典——光学与近代物理卷	2014—06	28.00	345

哈尔滨工业大学出版社刘培杰数学工作室
已出版(即将出版)图书目录

书　　名	出版时间	定　价	编号
历届中国东南地区数学奥林匹克试题集(2004~2012)	2014—06	18.00	346
历届中国西部地区数学奥林匹克试题集(2001~2012)	2014—07	18.00	347
历届中国女子数学奥林匹克试题集(2002~2012)	2014—08	18.00	348
几何变换(Ⅰ)	2014—07	28.00	353
几何变换(Ⅱ)	即将出版		354
几何变换(Ⅲ)	2015—01	38.00	355
几何变换(Ⅳ)	即将出版		356
美国高中数学竞赛五十讲.第1卷(英文)	2014—08	28.00	357
美国高中数学竞赛五十讲.第2卷(英文)	2014—08	28.00	358
美国高中数学竞赛五十讲.第3卷(英文)	2014—09	28.00	359
美国高中数学竞赛五十讲.第4卷(英文)	2014—09	28.00	360
美国高中数学竞赛五十讲.第5卷(英文)	2014—10	28.00	361
美国高中数学竞赛五十讲.第6卷(英文)	2014—11	28.00	362
美国高中数学竞赛五十讲.第7卷(英文)	2014—12	28.00	363
美国高中数学竞赛五十讲.第8卷(英文)	2015—01	28.00	364
美国高中数学竞赛五十讲.第9卷(英文)	2015—01	28.00	365
美国高中数学竞赛五十讲.第10卷(英文)	2015—02	38.00	366
IMO 50年.第1卷(1959—1963)	2014—11	28.00	377
IMO 50年.第2卷(1964—1968)	2014—11	28.00	378
IMO 50年.第3卷(1969—1973)	2014—09	28.00	379
IMO 50年.第4卷(1974—1978)	即将出版		380
IMO 50年.第5卷(1979—1984)	即将出版		381
IMO 50年.第6卷(1985—1989)	2015—04	58.00	382
IMO 50年.第7卷(1990—1994)	即将出版		383
IMO 50年.第8卷(1995—1999)	即将出版		384
IMO 50年.第9卷(2000—2004)	2015—04	58.00	385
IMO 50年.第10卷(2005—2008)	即将出版		386
历届美国大学生数学竞赛试题集.第一卷(1938—1949)	2015—01	28.00	397
历届美国大学生数学竞赛试题集.第二卷(1950—1959)	2015—01	28.00	398
历届美国大学生数学竞赛试题集.第三卷(1960—1969)	2015—01	28.00	399
历届美国大学生数学竞赛试题集.第四卷(1970—1979)	2015—01	18.00	400
历届美国大学生数学竞赛试题集.第五卷(1980—1989)	2015—01	28.00	401
历届美国大学生数学竞赛试题集.第六卷(1990—1999)	2015—01	28.00	402
历届美国大学生数学竞赛试题集.第七卷(2000—2009)	即将出版		403
历届美国大学生数学竞赛试题集.第八卷(2010—2012)	2015—01	18.00	404

哈尔滨工业大学出版社刘培杰数学工作室
已出版(即将出版)图书目录

书　　名	出版时间	定　价	编号
新课标高考数学创新题解题诀窍:总论	2014—09	28.00	372
新课标高考数学创新题解题诀窍:必修1~5分册	2014—08	38.00	373
新课标高考数学创新题解题诀窍:选修2—1,2—2,1—1,1—2分册	2014—09	38.00	374
新课标高考数学创新题解题诀窍:选修2—3,4—4,4—5分册	2014—09	18.00	375
全国重点大学自主招生英文数学试题全攻略:词汇卷	即将出版		410
全国重点大学自主招生英文数学试题全攻略:概念卷	2015—01	28.00	411
全国重点大学自主招生英文数学试题全攻略:文章选读卷(上)	即将出版		412
全国重点大学自主招生英文数学试题全攻略:文章选读卷(下)	即将出版		413
全国重点大学自主招生英文数学试题全攻略:试题卷	即将出版		414
全国重点大学自主招生英文数学试题全攻略:名著欣赏卷	即将出版		415

联系地址:哈尔滨市南岗区复华四道街10号　哈尔滨工业大学出版社刘培杰数学工作室
网　　址:http://lpj.hit.edu.cn/
邮　　编:150006
联系电话:0451—86281378　　13904613167
E-mail:lpj1378@163.com